动物世界的敏捷猎手 **野豹**

主编◎王子安

Animal

汕頭大學出版社

图书在版编目（ＣＩＰ）数据

动物世界的敏捷猎手——野豹 / 王子安主编. -- 汕
头 ：汕头大学出版社，2012.5（2024.1重印）
ISBN 978-7-5658-0821-0

Ⅰ．①动… Ⅱ．①王… Ⅲ．①猫科－普及读物 Ⅳ.
①Q959.838-49

中国版本图书馆CIP数据核字(2012)第097959号

动物世界的敏捷猎手——野豹 DONGWU SHIJIE DE MINJIE LIESHOU———YEBAO

主　　编：王子安
责任编辑：胡开祥
责任技编：黄东生
封面设计：君阅书装
出版发行：汕头大学出版社
　　　　　广东省汕头市汕头大学内　邮编：515063
电　　话：0754-82904613
印　　刷：唐山楠萍印务有限公司
开　　本：710 mm×1000 mm　1/16
印　　张：12
字　　数：71千字
版　　次：2012年5月第1版
印　　次：2024年1月第2次印刷
定　　价：55.00元
ISBN 978-7-5658-0821-0

前　言

　　这是一部揭示奥秘、展现多彩世界的知识书籍，是一部面向广大青少年的科普读物。这里有几十亿年的生物奇观，有浩淼无垠的太空探索，有引人遐想的史前文明，有绚烂至极的鲜花王国，有动人心魄的考古发现，有令人难解的海底宝藏，有金戈铁马的兵家猎秘，有绚丽多彩的文化奇观，有源远流长的中医百科，有侏罗纪时代的霸者演变，有神秘莫测的天外来客，有千姿百态的动植物猎手，有关乎人生的健康秘籍等，涉足多个领域，勾勒出了趣味横生的"趣味百科"。当人类漫步在既充满生机活力又诡谲神秘的地球时，面对浩瀚的奇观，无穷的变化，惨烈的动荡，或惊诧，或敬畏，或高歌，或搏击，或求索……无数的探寻、奋斗、征战，带来了无数的胜利和失败。生与死，血与火，悲与欢的洗礼，启迪着人类的成长，壮美着人生的绚丽，更使人类艰难执着地走上了无穷无尽的生存、发展、探索之路。仰头苍天的无垠宇宙之谜，俯首脚下的神奇地球之谜，伴随周围的密集生物之谜，令年轻的人类迷茫、感叹、崇拜、思索，力图走出无为，揭示本原，找出那奥秘的钥匙，打开那万象之谜。

　　豹是属于猫科动物中的豹亚科，豹亚科的成员又统称大型猫类，可以发出吼声，包括新猫属和豹属，除了一种分布于美洲外，其余均限于亚洲和非洲，特别是亚洲。

1

豹是豹亚科中分布最广泛，数量最多的一种，分布于亚洲和非洲的广大地区，适应从寒温带到热带的不同气候以及从森林到草原的不同生存环境。豹在猫科动物中占极为重要的地位，在丛林中地位也是不可以小觑的。

《动物世界的敏捷猎手——野豹》一书分为六大章节，第一章总述了猫科动物的特性；第二章叙述了豹子的体态特征和分布情况；第三章则分门别类地介绍了各种豹子；第四章主要介绍了豹子中的海豹科；第五章和第六章则介绍了关于豹子延伸的豹文化。本书具有很强的知识性、趣味性、可读性，是动物爱好者的必读读物。

此外，本书为了迎合广大青少年读者的阅读兴趣，还配有相应的图文解说与介绍，再加上简约、独具一格的版式设计，以及多元素色彩的内容编排，使本书的内容更加生动化、更有吸引力，使本来生趣盎然的知识内容变得更加新鲜亮丽，从而提高了读者在阅读时的感官效果。

由于时间仓促，水平有限，错误和疏漏之处在所难免，敬请读者提出宝贵意见。

2012年5月

目录

CONTENTS

猫科动物

7

猫科是猫形类中分布最广且是唯一现代可见于新大陆的一科，其中包括一些人们最熟悉，最引人注目的动物。猫科动物是一类几乎专门以肉食为主的哺乳动物，是高超的猎手，其中大型成员往往是各地的顶级食肉动物。

猫科是食肉目中肉食性最强的一科，他们生活在除南极洲和澳洲以外的各个大陆上。多数猫科动物善于隐藏，用伏击的方式捕猎，身上常有花斑，可以与环境融为一体。而现在多数猫科动物却因为这些美丽的花斑而被人捕捉，它们的皮毛被用来制作高档时装，加上栖息地破坏等其它原因，使猫科动物受到严重威胁。而猫科动物做为重要的食肉动物特别是顶级食肉动物，其数量的减少给生态环境造成较大的影响。

无论是驯养还是野生的猫科动物，已吸引人类数以千年。人们曾把它们作为猎手一样重视，作为神一样崇拜，做为恶魔一样牺牲，然而不论如何，它们生存了下来，并仍然令人迷恋。它们时常被作为美妙、优雅、神秘和力量的象征，也成为诸多艺术家和作家特别喜爱的主题。

人们将它们分为4个亚科，即猎豹亚科、猫亚科、豹亚科、猞猁亚科，共36种。本章主要详尽介绍一下猫科动物。

猫科动物概述

全世界现存猫科动物约有38种。世界各大陆均有分布，但不见于大洋洲、马达加斯加、南极洲等地。我国共有6属13种。

猫科各种的雌雄性个体彼此相似，仅雄性头部粗圆、个体大些。只有雄狮颈部生有长毛，是明显的雌雄异型。猫科各种间，常彼此相似，我国的"照猫画虎"之说法，就反应着它们的形态大致

相同。猫类的身体大小有明显差异，成体身长30～3709厘米，尾长10～114厘米，体重2.5～275千克。各种猫类的体形瘦削，但肌肉发达，结实强健。头圆而较大、颈部短、眼睛圆、颈部粗短，以便承受头和牙齿的猛烈咬啮动作而引起的震动。全身毛被密尔柔软，有光泽。一般多具条纹或斑点，象豹和虎等，有的则无明显花

纹。体色由灰色到淡红、浅黄以致棕褐色。在食肉类中是毛色绚丽的类群。

除南极洲和澳洲以外的各个大陆上，几乎都生存着猫科动物。多数猫科动物善于隐蔽，用伏击的方式捕猎，它们身上常有花斑，可以与环境融为一体。而现在多数猫科动物却因为这些美丽的花斑而被人捕捉用来制作高档时装，加上栖息地破坏等其它原因，使猫科动物受到严重威胁。而猫科动物做为重要的食肉动物特别是顶级食肉动物，其数量的减少给生态环境造成较大的影响。

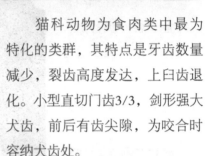

猫科动物为食肉类中最为特化的类群，其特点是牙齿数量减少，裂齿高度发达，上臼齿退化。小型直切门齿3/3，剑形强大犬齿，前后有齿尖隙，为咬合时容纳犬齿处。

猫科动物时常被作为美妙、优雅、神秘和力量的象征，也成为诸多艺术家和作家特别喜爱的主题。

猫科动物是食肉目中肉食性最强的一科，是一类几乎专门以肉食为主的哺乳动物，是高超的猎手，其中大型成员往往是各地的顶级食肉动物。

猫科动物的起源

猫科动物起源于类似猎猫类的原始类型，猎猫类形态和性类似现在的猫科动物而较原始，以前作为猫科动物的一个亚科，现在则多作为独立的猎猫科。猎猫科大体占据和猫科类似的生态地位，比较多样化，多数犬齿比较发达，其中有些成员如始剑虎等发展出了类似剑齿虎的发达上犬齿，是当时厚皮动物的主要捕食者。

真正的猫科诞生后向着两个方向发展，一支上犬齿逐渐延长，另一支犬齿趋于变小而身体比较灵活。上犬齿逐渐延长的这一只被归入剑齿虎亚科，其中以

晚期的剑齿虎为代表。剑齿虎大概是史前哺乳动物中最引人注目的，体型巨大，上犬齿特别发达，可能以厚皮动物为食，并随着厚皮动物的减少而消失。

如今人们将它们分为4个亚科，即猎豹亚科、猫亚科、豹亚科、猞猁亚科，共36种。

猫科动物的祖先是出现在老第三纪末期的古猫科动物，再往前寻，新生代初期的祖先是细齿类，与犬科动物同一祖先。古猫科动物演化初期时的体形也就同现代家猫的体形差不多大，它没有像犬科动物祖先那样走出森林（直到很晚，狮子和猎豹才走出森林），而是向适应森林中生活的方向发展。

猫科动物的分类

猫科动物主要分为四大亚科，即猎豹亚科、猫亚科、豹亚科、猞猁亚科。但是，目前，对猫科动物的分类有一个更科学更精确的分类方法——基因研究分类，将猫科动物分为八个世系。

世系一：豹属、雪豹属、云豹属；

世系二：纹猫属、金猫属；

世系三：薮猫属、狞猫属、非洲金猫属；

世系四：虎猫属；

世系五：猞猁属；

世系六：美洲金猫属、细腰猫属、猎豹属；

世系七：豹猫属；

世系八：猫属。

猫科动物的身体部位

每当优雅的猫科动物行走时，在它那修长而柔软的身体中强有力的肌肉在柔软又美妙的毛皮下流动着。而当它们停下时，身体的每条曲线都弯成优美的弧线，因此，它们时而会给人留下懒散的印象。而当它们放平它的耳朵一跃而起、亮出它的尖牙利爪进行攻击时，这个印象立刻烟消云散了。下面主要来介绍一下猫科动物的各个身体部位特征。

野

豹

（1）身体

如果和身体的其余部分做个比较，猫科动物的头部显得稍大。由于鼻子和下颌比较短小，和其他动物比起来，它的脸看起来较平，由此它们的耳朵显得大而引人注目。耳朵从根部往上逐渐减小，耳尖或圆或尖，并向上直立。猫科动物有敏锐的听力，能听到人类很多听不到的声音。

而当声音传来时它们通常会将头转到声音来源的方向，这有助于听觉和视觉。和人一样，猫科动物的内耳由骨性的、充满淋巴液的半圆型通道构成，它通过复杂的机制来维持身体的平衡，并通过这种机制而不是尾巴使得它们在下落时安然落地。

（2）头部

猫科动物的眼睛大而突出，位于头部的正前方，并和人类的眼睛一样，面向前方。除了猫头

解），实际上那只是在反射外来光源的光，因此可以想象，当光线全无的时候，这种"光"便不复存在了。

（3）眼睛

薮猫的眼睛在昏暗中看起来是红色的，这是因为它的视网膜缺乏色素，那些红色其实是血管。

猫科动物鼻尖上的皮一般是黑色、红色或是粉色的，它们通常冰凉而潮湿。所有的猫科动物都有灵敏的嗅觉，可以在令人吃惊的距离上嗅出猎物或它们喜爱的食物。

（4）胡须或触须

猫科动物的胡须或触须是

鹰和猿以外，猫科动物比其他动物更接近人类的双目视野。猫科动物的视角很宽阔，也是彩色视觉。在不同的光线下，它们眼睛的瞳孔可以迅速变换大小，但在全黑的环境中它们依然无法看见物体。但是在昏暗的光线中，它们的视力比大多数动物都要好。当光线明亮的时候，猫科动物眼睛的瞳孔可缩小成狭窄垂直的缝或很小的瞳孔，但当光线变暗，这些细缝或小瞳孔会扩大以保证有最大量的光线的射入。它们的眼睛看起来好像能在黑暗中发光（这也给很多人以误

乳动物都要少。大多数哺乳动物的侧牙是用来磨碎食物的。而猫科动物则只用它们来切断食物。

（6）舌头

猫科动物的舌头很粗糙。家猫的舌头就像粗糙的砂纸。而体型较大的野生猫科动物，比如老虎和狮子，则更粗糙。它们的舌头上布满了满是倒钩的舌突，方便它们从猎物的骨头上剥肉。当然所有的猫科动物也都把它们的舌头当作主要的清洁工具，来梳洗它们漂亮的毛发。

（7）颌部

猫科动物的颌部虽短却非常强大，能够夹紧猎物并有足够

野豹

精密的触觉器官，在它们的鼻子两侧、眼睛的上方、面颊以及前脚的背面都有胡须或触须。如果剃除了须子，不仅会影响它们的外貌，而且会削弱它们的感觉能力。

（5）牙齿

猫科动物的牙齿不仅是用来攻击的，也用来撕咬食物。它们的牙齿有30颗，其中四颗又锐利的弯曲犬齿最为锋利。因而猫科动物得以依靠这样的牙齿抓握并撕裂它们的食物或敌人。小一些的门牙（靠上的门牙）主要用来辅助撕咬，而它们的侧牙（前臼齿和后槽牙）比大多数哺

的力量将其骨头压碎。但由于上下颌依靠关节相连，使颌部只能上下运动而无法左右移动，因此猫科动物也无法磨牙。当猫科动物合紧它们的颌部，牙齿就相互契合在一起，如同相互咬合的齿轮。因此猫科动物只能撕裂或压碎它们的食物，却无法咀嚼。许多食物因而被囫囵吞下，最后靠胃液来消化。

（8）腿和脚

腿部强健的肌肉可以使猫科动物迅即产生力量扑向猎物，或在它们追捕猎物时产生巨大的爆发力。当它们突然奔跑、攀爬或跳跃的时候，后腿的膝盖和脚跟弯曲，提供了巨大力量。它们的前腿也同样有力，而且极其灵活，能在追捕过程中离猎物一定距离时伸开前肢，抓捕猎物的身体并将其牢牢抓住。

猫科动物的前爪有五个脚趾，后爪则有四个。它们的前爪同时还是防御和狩猎时强有力的武器，这在攀爬或站在摇摇晃晃的树干上时，也成了最佳工具。它们的每个脚趾都长有利爪，这些利爪是从脚趾的最后一块骨头长出来的，呈钩型。为了确保这些利爪在行进当中保持锋利且不被折断，并能让它们的步伐悄无声息，它们的利爪在大部分时间

动物世界的敏捷猎手

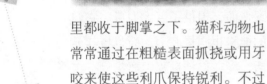

里都收于脚掌之下。猫科动物也常常通过在粗糙表面抓挠或用牙咬来使这些利爪保持锐利。不过像猎豹却是不能完全收回利爪的猫科动物，它的爪子类似犬科动物那样，由于爪子钝，弯度比较小，所以始终暴露在外面。

话说豹子

2

豹是属于猫科动物中的豹亚科，豹亚科的成员又统称大型猫类，可以发出吼声，包括新猫属和豹属，除了一种分布于美洲外，其余均限于亚洲和非洲，特别是亚洲。

　　豹属即5种"大猫"，每种可自成一个亚属，都是人们熟悉的大型食肉动物，是最强有力的捕食者。

　　豹是豹亚科中分布最广泛，数量最多的一种，分布于亚洲和非洲的广大地区，适应从寒温带到热带的不同气候以及从森林到草原的不同生存环境。豹体型略小，比较隐蔽，是伪装捕猎的高手，它善于爬树，能将猎物拉上树储存起来。豹是非洲数量最多的大型食肉动物，但是仍然受到一定的威胁，亚洲一些地区的豹则比较珍稀甚至濒于灭绝。

　　豹在猫科动物中占极为重要的地位，在丛林中地位也是不可以小觑的。因此，本章就主要从豹体态特征、分布情况等情况来对豹做一个详细的介绍。不仅仅是本章，整本书都在讲述豹的有关内容。接下来就慢慢了解豹吧，相信你对豹的兴趣也会越来越浓厚的。

豹概述

豹，也叫豹子，是一种哺乳肉食动物，像虎而比虎小，毛黄褐色或赤褐色，身上有很多斑点或花纹。凶猛，捕食鹿、羊等其他动物，伤害人畜。豹是对自然环境适应性最强的猫科动物之一。

从沙漠到雨林，从平原到高原，豹子不论走到哪里都能生

○15○

存。它没有什么奢求，只需猎物和水。现在，豹子仍然分布在从非洲到东方的广阔区域内。在亚洲，豹子被人类逼得节节败退。在印度和斯里兰卡的原始森林里，生活着相当数量的豹子。它们的适应能力很强，整个印度次大陆遍布它们的足迹。在印度，

野

豹

国家公园是印度次大陆上仅存的几个没有遭到破坏的野生环境之一。

100万年的进化过程，造就了豹子这种几乎完美的食肉动物。

豹子喜欢夜间活动。在月光下，豹子肚皮下那一条白色的轮廓线显得格外清晰，就是这条线，经常使它的进攻计划受挫。在阳光下，豹子身上的斑点和玫瑰花形图案形成了一层华丽的伪装层。阳光透过森林，洒在它金色的皮毛上。如果此时它站立不动。即使在几米之外，也难以发现它的存在。豹子全身只有两处

没有保护色：一处是尾巴下面，另一处是耳朵后面，这些白色斑纹使小豹子夜间森林中行走时能够跟上它的父母。

豹子有一种相当奇特的习惯，它总是把猎物拖上一棵树，把它悬挂在树枝上。因此，那棵树就成了豹子的食品贮藏室。豹子可以在它想进食的任何时候回来享受它的猎物。高悬在树上的食物可以有效地防止其它食肉动物和食腐动物的偷窃。狮子和猎豹只是偶然爬到树枝上，为的是更好地观察周围的情况，而只有豹子是唯一把树作为家的大型猫科动物。豹子最常吃的猎物是羚羊和鸟。

一只雌豹重约50多千克，雄豹比它重十几千克。它们力大无比，豹子可以把一只比自身体重一倍的猎物拖到树上去。除了人之外，成年的豹子所向无敌。

豹子约有24个品种，各种豹子的差别不大，只是轮廓线和皮毛的颜色稍有差别。每一只豹子的斑点都有它自己独特的图案。

豹子每隔20米就离开巡视的原路，到树林中去施放些气味以便联系其他同类。这样孤独的动物竟然也如此强烈地需要与

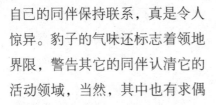

自己的同伴保持联系，真是令人惊异。豹子的气味还标志着领地界限，警告其它的同伴认清它的活动领域，当然，其中也有求偶和交配的成份。

豹子有两种进攻方式。一种是它们伏在树上等待猎物，这种方式有两点益处，猎物很少注意到来自上方的危险；居高临下，豹子的气味随风飘散，不易被对方发现。但也有不利之处，首先是豹子能否成功，关键在于猎物是否站在树下或从树下通过。其次是树上有不少吵闹的灰猴，它们发出的尖叫声破坏了豹子的捕猎计划。斑点鹿会对猴子的报警迅速作出反应，并以它们独特的方式向邻近的动物报警。

另外一种是偷袭。在猎物数目较多的情况下，豹子就以偷袭的方式进行捕食。豹子的偷袭本领非常出色。每当看到猎物以后，豹子就一点一点向前靠近，几乎一点声响也没有，因为豹子的爪子上有柔软的肉垫和尖利的爪甲。在到达有利的地形之后，再猛扑上去。然后找一块安静的、不受干扰的地方把猎物隐藏起来，从容地享用自己的战利品。

豹子的皮毛是一层天然的保护色，当它埋伏在树林中，身上的斑点和树荫、树叶混为一体。因为没有任何两只豹子的花斑是相同的。由于豹子奔跑时缺乏速度和耐力，因此，它总是愿意呆在密林深处狩猎。它们利用树叶作伪装，豹子就能够完全融化在背景中而不被猎物发现。豹子的捕猎对象大都是在黎明和黄昏时出来活动。只有偶然的机会，豹才会在白天捉到猎物。

子总是用一种只有猫科动物才具有的悠闲方式来消磨时光。像所有的食肉动物一样，豹子从不轻易地消耗体力。

豹子很会调整自己，它们一躺下就是很长的时间，这并不是说豹子只在饥饿时才出来捕猎。即使它们刚刚饱餐一顿，随意猎杀一番也是常有的事。但是更多时候，在它们不饥不渴的情况下，豹

豹的体态特征

豹的体型与虎相似，但比虎稍小，线条优美、性猛力强、动作敏捷，是威严和力量的象征，为大中型食肉兽类。豹体重50千克左右，最重可达100千克；体长1～1.5米，尾长超过体长之半。豹四肢强健有力，爪锐利且伸缩性强。豹全身颜色鲜亮，毛色棕黄，遍布黑色斑点和环纹。它们雌雄毛色一致，其背部颜色较深，腹部为乳白色，还有一种黑化型个体，通体暗黑褐，细观

仍见圆形斑，常被称为墨豹。

豹的头小而圆、耳短、耳背黑色、耳尖黄色、基部也是黄色，并具有稀疏的小黑点。虹膜为黄色，在强光照射下瞳孔收缩为圆形，在黑夜则发出闪耀的磷光。犬齿发达，舌头的表面长着许多角质化的倒生小刺。嘴的侧上方各有5排斜形的胡须。额部、眼睛之间和下方以及颊部都布满了黑色的小斑点。身体的毛色鲜艳，体背为杏黄色，颈下、胸、腹和四肢内侧为白色，耳背黑色，有一块显著的白斑，尾尖黑色，全身都布满了黑色的斑点，头部的斑点小而密，背部的斑点密而较大，斑点呈圆形或椭圆形的梅花状图案，又颇似古代

的铜钱，所以又有"金钱豹"之称。世界上每一只豹都有自己独特的斑点图案，就像人的指纹各不相同一样。

知识小百科

豹同级pk

如果说豹斗狮虎是中量级挑战重量级，那与豹亚科其他成员进行比较显得公平得多．由于不同地区亚种的豹体型差距很大，暂时把它们分成三个级别，分别以美洲虎\雪豹\云豹作为对手。

（1）美洲虎常见体重在55~115千克之间，是猫科猛兽中实力仅次于虎狮的第三号角色，绝活是一口咬碎猎物的头骨，其名字在土著语义中即"杀敌于一跃之间"。豹中与之体型相近者如远东豹等大型豹子，重量上仍比美洲虎逊色一筹，即使在体重相同的情况下，美洲虎在头部比例\咬合力上都占据优势，而且肢体更粗壮，掌击力也胜于豹，相对肥厚的身躯又提供了更强的被动防御力。总体来看，美洲虎的综合实力占明显的优势，但豹子并非完全没有取胜的机会，豹的灵活性略胜于美洲虎，又因为长期与狮虎为邻，较大的生存压力使豹的搏斗技巧与抵抗意志要比美洲虎稍强。如果发生搏斗，美洲虎倘若没能速胜，而陷入与豹的缠斗当中，也可能因对豹的抵抗无计可施而放弃进攻，而这对豹来说就是胜利。

（2）还有少数体重与猞猁相仿的小型豹，以索马里豹（重约15~25千克）为代表，与云豹同一级别云豹重约20千克，犬牙比例大于任何现存猫科，咬合力甚强，绝活是在树枝上倒挂行走，这固然与其体型轻小有关，也反映出其四肢力量之强。云豹除捕食树栖动物，还能捕捉比自身大得多的鹿，野猪甚至幼猴，在同体重的情况下，云豹的各项指标都比豹强，唯一的缺陷是在地面欠灵活，假设与索马里豹在地面相斗，索马里豹凭借有限的体重优势能跟云豹打个平手或者略占上风，但如果战场在树上，云豹必胜。看来云豹战胜金钱豹不是不可能，只是在自然界，云豹面对的都是比自己大两倍以上的中型豹，能保全自身已经不错了。

豹的分布情况

豹广泛产于中国，也广泛产于亚洲，因此有中国豹，有亚洲豹；它也广泛产于非洲，所以也有非洲豹。但是，欧洲不产豹，澳洲（有袋类动物的老家）也不产豹。中国有3亚种：华南豹、华北豹和东北豹。

中国豹最早从渐新世中期即已出现，这表明这种动物至少已生存过50万年了。

（1）国内分布

在中国，豹至少有3亚种的分布：印度豹/华南豹、华北豹/中国豹和远东豹（东北豹）。云南西双版纳可能还有印支豹。有必要指出的是，从目前来看，过去所谓的"华南豹"并不存在。华南豹学名其实与印度豹同物译名。印度豹可能只分布于西藏。而广

东、江西、湖南、福建等华南地区分布是豹可能是中国豹。

我国的豹除台湾和海南、新疆等少数省份之外，曾普遍见于各省。华北亚种见于河北、山西、陕西北部；东北亚种曾见于黑龙江省的大、小兴安岭和吉林的东部山区，向东延伸至俄罗斯沿海区和朝鲜北部，这个亚种已经是世界上最稀有的豹亚种。

（2）国外分布

豹在国外主要分布亚洲、非洲及阿拉伯半岛。

野

豹

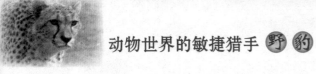

动物世界的敏捷猎手 野 豹

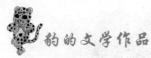
豹的文学作品

豹

——在巴黎动物园

作者：里尔克

它的目光被那走不完的铁栏，

缠得这般疲倦，什么也不能收留。

它好像只有千条的铁栏杆，

千条的铁栏后便没有宇宙。

强韧的脚步迈着柔软的步容，

步容在这极小的圈中旋转，

仿佛力之舞围绕着一个中心，

在中心一个伟大的意志昏眩。

只有时眼帘无声地撩起。

于是有一幅图像浸入，

通过四肢紧张的静寂——

在心中化为乌有。

各种豹子

3

豹是猫科豹属的一种动物，在四种大型猫科动物（其余三种为狮、虎及美洲豹）中体积最小，体重约50千克，肩高约0.9米，体长约1米，仅尾长就60厘米。

豹的颜色鲜艳，有许多斑点和金黄色的毛皮，故又名金钱豹或花豹。豹可以说是敏捷的猎手，它身材矫健、动作灵活、奔跑速度快。它既会游泳，又会爬树，性情机敏，嗅觉听觉视觉都很好，智力超常，隐蔽性强，长长的尾巴在奔跑时可以帮助豹保持平衡。它也是少数可适应不同环境的猫科动物。豹还是文学作品和绘画的热点题材之一，深得人们的喜爱。

豹由于豹分布地区广泛，地理亚种分化繁多，争论也大，因此，其划分没有较好的依据。因此，本章主要介绍一些具有代表性的豹，如猎豹、雪豹、云豹、黑豹、朝鲜豹、斯里兰卡豹等，通过本章的阅读，将会对主要的豹有一个大致的了解，丰富读者知识内容，培养和养成保护动物的意识。

猎 豹

猎豹是非洲草原上最迅捷的杀手。其身材修长，背骨柔软，身段苗条而毫无赘肉，这使它成为陆地上奔跑速度最快的动物，如果人类的短跑世界冠军和猎豹进行百米比赛的话，猎豹可以让这个世界冠军先跑60米，最后到达终点的却是猎豹，而不是这个短跑世界冠军。它高达120千米的时速至今是动物界中其他动物不可破的纪录，因此它有着"奔跑冠军"的称号。猎豹凭借速度捕食，因为它们的耐性不佳，一般只追逐500米，若仍未捉到猎

物，便会放弃。

◆ **外貌特征**

猎豹在英文中的英文名字是Cheetah，这个词是来自于北印度语Chita，Cheetah就是有斑点的意思。猎豹的外形和它们其他多数的猫科动物远亲不怎么相象。它们的头比较小，鼻子两边各有一条明显的黑色条纹从眼角处一直延伸到嘴边，如同两条泪痕（这也是它们区别于其他大猫们的最显著特征之一）。很多人可能在野生动物园见过猎豹，它的躯干长1米到1.5米、尾长是0.6至0.8米、肩高是0.7至0.9米、体重一般是35至72

千克。雄猎豹它的体型略微大于雌猎豹，猎豹背部的颜色是淡黄色。它腹部的颜色比较浅，通常是白色。

猎豹的四肢很长，毛发呈浅金色，上面点缀着黑色的圆形斑点，背上还长有一条像鬃毛一样的毛发（有些种类的猎豹背上的深色"鬃毛"相当明显，而身上的斑点比较大，像一条条短的条纹，这种猎豹被称之为"王猎豹"。王猎豹曾被认为是一个独立亚种，但后来经研究发现，它们独特而美丽的花纹只是基因突变的产物）。猎豹的爪子有些类似狗

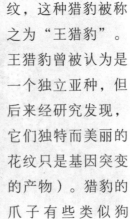

爪，因为它们不能像其他猫科动物一样把爪子完全收回肉垫里，而是只能收回一半。

猎豹的尾巴，它的末端的三分之一部位，有黑色的环纹。一般来说它的体型是纤细、腿长、头小、耳朵短、它的瞳孔是圆形。因为猎豹具有这种流线型的体型，所以它跑起步来显得十分轻盈。加上猎豹的脊椎骨十分柔软，它无论是站立的时候，还是奔跑的时候，它的身体的轮廓都像是一座青铜作品，所以有媒体把猎豹的背部与臀部曲线列为就是一种自然遗产。猎豹是怎么来的呢？其实，猎豹也和其他物种一样，都是由其他的物种进化演化而来的。

在北美的得克萨斯、内华达、怀俄明这些地方发现了目前世界上最古老的猎豹的化石，那时候的猎豹大约是生存在一万年以前。那时候世界上是地球上最后一次冰期，所谓的冰期地球气候变冷，在地球的两端，南北极两端覆盖着大面积的冰川，就称为冰期。在那个时期，猎豹还广泛地分布于亚洲、非洲、欧洲和北美洲。当冰期气候变化导致大批动物死亡，这时候就是在欧洲和北美洲的猎豹以及亚洲非洲部分地区的猎豹都灭绝了。

◆ 生活习性

猎豹的生活比较有规律，

通常是日出而作，日落而息。一般是早晨五点钟前后开始外出觅食，它行走的时候比较警觉，不时地停下来东张西望，看看有没有可以捕食的猎物。另外，它为了防止其他的猛兽捕食它，一般是午间休息，午睡的时候，每隔6分钟起来，就要起来查看一下周围有什么危险。通常，猎豹每一次只捕杀一只猎物，每一天行走的距离就是大概五千米、最多走十多千米。虽然它善跑，但是它行走距离并不远。

◆ 寿命与生产繁殖

猎豹的寿命究竟有多长呢？人们利用无线电颈圈发现，就是野外猎豹的寿命一般是6.9年。但是在人工圈养状态下，猎豹它可能生存11.7年。所谓的无线电跟踪技术，就是在动物的脖子上套一个无线电发报机，然后根据无线电发报机，一个是标志动物，另外一个对动物的活动范围进行跟踪。一些无线电发报机它寿命相当长的话，它可以研究动物的寿命。

在动物界里面，猎豹的系统分类定位是这样，它是属脊索动物门、哺乳纲。猎豹属于食肉目。

与其他动物相似，雄性猎

豹一般也会争夺配偶。它不是那种一夫一妻制，它在野外是自由竞争。在繁殖期雄性猎豹它会打斗，经过长时间打斗以后，最后的胜利者才能与那些雌性猎豹交配。通常，猎豹交配的时间比较短，不像狮、像虎的交配时间那样长。雌性猎豹怀孕期是91到95天。一只雌性猎豹一胎可以生一到六个幼崽，大部分是二到四只。那些产崽的雌性猎豹，将它的巢建在草比较密或者是丛林的深处，或者是沼泽地等其他动物很难找到的地方。这样可以避免一些猛兽捕食小猎豹。

小猎豹体重大概是240到300克，要生下来两到三天之后才会爬行，四到十四天以后眼睛才会睁开，21到28天之后才开始取食，两个月以后开始断奶。小猎豹出生的时候，它背部有一些斗篷状的毛，那个蓬松的毛一般的是在两个半月的时候这些毛就开始脱落。9到10个月以后，雌猎豹开始达到了性成熟。雄猎豹的话一般要14个月龄才能达到性成熟。

当小猎豹长到一岁以后，

野

豹

它们才会开始独立地捕食并开始独立生活，而小雌猎豹有可能还和母亲待在一块。雌猎豹把它们领域设在那些它经常捕食的羚羊角马迁徙的路线上面，有时候雌性猎豹怀孕了，它的奔跑速度还是很快，而且捕食起来也非常灵活。

奇怪的是那些雌猎豹，特别是那些已经生下小猎豹的母豹，它捕猎的时候成功率要比狮子和豹要高出两倍。它到那个时候，反而非常容易抓到羚羊或者角马。雌猎豹它捕食的时候，不论多么疲劳，它总要把猎物拖到一个安全隐蔽的地方。因为很多小猎豹等着要吃，所以它不能让这个食物被其他的像鬣狗、像狮、豹抢走。要不然的话，它的幼崽和它自己有饥饿的危险。

◆ 系统分类

猎豹有两个亚种，一个是非洲亚种，一个是非洲亚种。猎豹主要分布于非洲，曾生活在亚洲的印度，印度的猎豹也叫印度豹，但已灭绝。在北美的得克萨斯、内华达、怀俄明，曾发现了目前世界上最古老的猎豹化石，那时候的猎豹大约是生存在一万年以前。那时候世界上是地球上最后一次冰期，在那个时期，猎豹还广泛地分布于亚洲、非洲、欧洲和北美洲。当冰期气候变化导致大批动物死亡，这时候就是在欧洲和北美洲的猎豹以及亚洲、非洲部分地区的猎豹都灭绝了。

食肉目猫科的猎豹属的单型种，外形似豹，但身材比豹瘦削、四肢细长、趾爪较直、不像其他猫科动物那样能将爪全部缩进。猎豹头小而圆，全身无色淡黄并杂有许多小黑点，现分布于非洲。

猎豹栖息于有丛林或疏林的干燥地区，平时独居，仅在交配季节成对，也有由母豹带领4～5只幼豹的群体。猎豹是奔跑最快的哺乳动物，每小时可达120千米，以羚羊等中、小型动物为食。猎豹除以高速追击的方式进行捕食外，也采取伏击方法，隐匿在草丛或灌木丛中，待猎物接近时突然窜出猎取。

动物世界的敏捷猎手 野豹

猎豹是所有大型猫科动物中最温顺的一种，除了狩猎一般不主动攻击，易于驯养，古代曾用它助猎。猎豹曾有较广泛的分布区，从非洲大陆到亚洲南部各国都有栖息，由于人类长期的滥猎，目前印度、苏联中亚等地已绝灭，在非洲西南部各地很稀有。

猎豹是陆地上跑的最快的动物，时速可达120千米，而且，加速度也非常惊人，据测，一只成年猎豹能在4秒之内达到每小时100千米的速度。不过，其耐力不佳，无法长时间追逐猎物，如果猎豹不能在短距离内捕捉到猎物，它就会放弃，等待下一次出击。

猎豹之间由于基因高度纯化，远亲之间的皮肤可以随意移植不会发生排异反应。人们为猎豹的亚种进行分类也成了件难事。对猎豹血液中的蛋白质分析显示，不同猎豹之间的差异是非常细微的，因此对猎豹亚种的划分一直以来存在着争议性。

猎豹的猎物主要是中小型有蹄类动物，包括汤姆森瞪羚、葛氏瞪羚、黑斑羚和小角马等。为了速度，猎豹渐渐进化的身材修长，腰部很细，爪子也无法象

其他猫科动物那样随意伸缩，在力量方面也不及其他大型猎食动物，因此无法和其他大型猎食动物如狮子、鬣狗等对抗，虽然捕猎成功率能达到50%以上，但辛苦捕来的猎物经常被更强的掠食者抢走，因此猎豹会加快进食速度，或者把食物带到树上。非洲的马塞族人对猎豹也不太友善。马塞族是游牧民族，他们不会随意猎杀野生动物，因为他们认为只有自己放养的牲口才适宜食用，但他们会用手中的长矛抢走猎豹的猎物，不是为了吃，而是用来喂狗，这样它们便可省下喂狗的食物。猎豹只能重新捕猎，但高速的追猎带来的后果是体能的高度损耗，一个猎豹连续追猎5次不成功或猎物被抢走，就有可能会被饿死，因为再没力气捕猎了。幼豹的成活率很低，三分之二的幼豹在一岁前就被狮子鬣狗等咬死或因食物不足而饿死。

◆ 驯养历史

猎豹相对来说是比较容易驯化饲养的，世界上最早的驯化纪录是闪族人，他们最早开始驯化猎豹。马可波罗在他的游记里面留下了一些很有趣的记录。他曾经注意到，就是在猎豹的分布区以外，许多东方人将猎豹养作宠物。人们把猎豹就是作为猎犬，作为一种怪兽，或者甚至作为坐骑。三千多年前的古埃及，埃及的皇室人员喜欢猫科动物，尤其是猎豹。他们饲养猎豹为他们打猎，但是人工饲养的猎豹的繁殖率一般都是偏低的。比方说，印度曾经有一个蒙兀儿帝国，有个皇帝叫做阿巴克，他建立了一个有几千头猎豹的动物园。据当时记载，其中只有一头猎豹成功的繁殖了后代。虽然说猎豹容易饲养，人们可以调教猎豹去取东西、去打猎。但是，猎豹还是属于比较难调养的动物，因为它好动。另外，因为它没有一个固定的窝。所以，人们只能利用猎豹来追捕猎物。通常情况下是猎手将猎豹蒙上头套，带到一个狩猎的地点，这样就能节省猎豹的体力。然后到了地点发现猎物之后，就马上将猎豹的头套取掉，然后让猎豹去追捕猎物。当猎豹捕到猎物以后，猎人一般就是让猎豹分享一小部分猎物，或者是让它吃猎物的血。

◆ **种群现状及保护**

目前，全非洲的猎豹是九千头到一万二千头，其中还有大约10%的猎豹是生活在圈养状态下。在20世界60年代，猎豹的数

量是现在猎豹数量的两倍以上。猎豹的分布区在萎缩，数量在下降。因此，目前保护猎豹成为人们的一个重要任务，尤其是在非洲。

是什么原因导致猎豹的数量减少呢？一是草食性动物减少，如羚羊、像角马等，猎豹的食物资源也就少了。另外一点就是猎豹的生态环境被分割了，被人类的村庄、道路和其他的一些人类活动区给分割隔离了。猎豹的群体很小，猎豹要寻找配偶也非常困难，就阻止了其繁殖。第三个原因就是由于猎豹皮贸易的增长，尤其国际贸易。猎豹的皮有点像虎皮，黄色的背景上面有些黑色的条纹和斑点，很多人就争先恐后地猎杀猎豹赚取钱财，大大减少了猎豹的数量。

现在虽然有《濒危物种国际贸易公约》的实施才保护猎豹，使猎豹贸易受到了限制。但是走私仍然存在，走私者偷猎猎豹对猎豹的生存也是一个很大的威胁。

目前，对猎豹的保护一般采取了以下措施：

（1）建立国家公园和自然保护区。在非洲有很多很大的国家公园，像塞伦哥地这些地方，在马塞马拉都建立了很大的国家公园。公园面积非常大，保存了比较大的猎豹种群。另外还建立一些自然保护区，这些保护区里面也有猎豹的生存。

（2）人们开始人工养殖猎豹。在一些野生动物园里面也养殖了猎豹，如中国的野生动物园也可以看到猎豹，而且都繁殖后代，它在远离本土也能够进行繁殖。

（3）国际间已经禁止了猎豹皮的贸易，大大地降低了对猎豹的猎杀。因为如果没有正常的贸易渠道，一般的合法商人就再不会进行这种贸易。

◆ 豹与猎豹

　　说到猎豹，可以对比一下豹，豹与猎豹是很相似的。豹与猎豹体型上非常相似，甚至远看都区别不开。猎豹全身都有黑色的斑点，从嘴角到眼角有一道黑色的条纹，这个条纹就是用来区

别猎豹与豹的一个特征。

　　豹与猎豹不一样，它喜欢上树，它喜欢爬到树上去休息睡觉，或者是埋伏在树枝间伺机出击来捕捉猎物。豹子经常是在夜间捕食的，从树上下来的时候，能够一下扑中猎物，很少有失手的时候。所以很多时候人们看见的豹是待在树上捕食的，如羚羊等一类动物也不容易看见它。它很容易发现猎物，一旦当猎物从树下走过的时候，它就猛扑下来。当豹捕到猎物之后，它喜欢把猎物拖到树上。把猎物藏在树枝之间然后慢慢进食，它这样做是为了防止鬣狗或者狮子来抢吃它的食物。真正在自然界，猎豹尽管跑得很快，但是还是很多时候抓不住羚羊，抓不住它要捕食的动物。这又是为什么呢？猎豹虽然跑得快，但是它跑得距离很

有限，就是说它只能跑几百米。羚羊相对猎豹来说它慢，但是它的速度也是很快的，每小时奔跑起来也可以达到90千米左右。所以羚羊一旦遇见猎豹它一是立刻急跑，急跑以后再转弯。二就是利用山丘、草丛或者利用丛林来

就会灭绝，对于猎豹来说，因为它吃的羚羊灭绝了，它自身的生存也会有危机。所以大自然这个造物主，不会轻易地使一种物种灭绝，所以每一个物种都会有生存的机会。人们可能看过在非洲草原上面经常会发生一些很热闹

野

豹

做掩护，做锯齿形的奔跑。这样就使猎豹发挥不了它快速奔跑的特长，豹子捕食企图就扑空了。这就是自然界的军备竞争，就是捕食者的速度快，那么被捕食者，必须跑得更快。要比被捕食者，或者是耐力强，或者是用计谋逃脱。要不然世界上有些物种

的场面，一些大型的猫科动物，像豹、狮子、猎豹等会追捕一些它们的猎物，如羚羊、角马等。这实际上是一个充满动态、充满活力的过程。为什么呢？因为它是大自然进化的一个组成部分，一部分就是体弱、年纪大甚至是生病的个体被这些猛兽吃掉。而

保存下来这些个体，一般来说都是健康的、强健的。它们才有可能逃脱这些猛兽的捕食，所以这是自然界生物链的一个有机的环节。

猎豹的社群行为与其他的动物也有相似的地方，它有一种同性集群。所谓的同性就是同性别的个体待在一起，在野生的猎豹群里面，一般分为雄性个体群和雌性群，还有母子群，雄性除了繁殖季节，它一般是单独生活的，或者是两只、三只雄性个体待在一起，和雌性个体不生活在一起。但是这些雄性个体的领域可能与几群雌性个体的领域重叠，雌性个体在繁殖季节才和雄性待在一起。一旦繁殖季节过了以后，怀孕的雌性个体就会形成一个单独的群体，在野外游荡，自己捕食，到它们产下小崽的时候，它们会带着小崽一起活动。它们开始哺乳，教会小崽怎么捕食，等到雄性的小崽长大以后，这些雄性的小猎豹它就会慢慢地离开雌性的群体，然后开始自己的生活。或者几只雄性个体待在一块，最后再建立它自己的领域，然后再进行自己的繁殖期，这就是它们的一个生命周期。

豹对抗狮虎

　　豹不是虎的对手，即便与最小的巴厘虎相比，体重上也要小1/3。在远东或中南半岛的森林里，豹都是尽可能地回避着虎，但当近距离遭遇时却往往不惜决一死战。20世纪早期拍摄的一系列虎与各种猛兽交锋的短片中，最引人注目的之一就是黑豹斗虎：豹通过疯狂的反抗使虎放弃了捕杀它的念头；在南亚密林，豹子主动偷袭了觅食归来的虎，经过

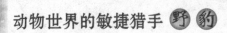

短暂打斗之后败退回树上；中一头巨豹为了保卫食物与初出茅庐的青年虎对峙，最后虎退却了。虎和豹的战斗不仅发生在自然界，在古代的斗兽场上与虎同台对阵的常常是豹，不单因为金钱豹是人们文化观念中虎的影子，更因为豹的殊死顽抗加上虎总是力争在自己不受伤的情况下置豹于死地，搏斗旷时持久。虽然最后的胜利者总是老虎，但由于过程的惊险刺激，人为安排虎豹斗得以存在并盛行一时。

豹对虎的战斗方式也适用于抵抗狮的进攻，在一些片子里也有所体现：豹仰卧着反抗，张开的下颌护着咽喉，四爪抓挠快如闪电，以攻为守防得滴水不漏。狮的攻击虽比虎更为鲁莽，却也一时无法把豹拿下，只能凭借体力上的绝对优势将其压制，待豹力竭再行咬杀。所有反映狮豹相争的录象材料中最为惊心动魄的莫过于影片，一切关于豹能胜狮的论调都出自其中的一个情节：一只豹眼看自己的猎物被母狮夺走，竟扑下树去与母狮拼命并咬住了母狮的脖子！若非另有狮子赶来相救，这头母狮很可能就此丧生。这当然是极端的个案，却反映出豹惊人的胆量与不可藐视的战斗力。通常豹对狮还是避之犹恐不及，狮视豹为眼中钉，一旦发现就要全力以赴地攻击甚至投入全群之力进行围剿，而母狮咬死咬伤豹子最多。

如果把个别豹子创造的奇迹看作豹战斗力的上限，并不具备普遍意义。但无论是虎是狮，都难以在单挑中速杀豹子（偷袭除外），由此可见，如果两豹斗一虎（或狮），虎（或狮）在未能致伤其中一只豹时不得不应付另一只豹的攻击，顾此失彼，将难以取胜。或者说两只豹堪与一只虎或狮战平。

雪 豹

雪豹外形似虎，它生活在雪线以上，被誉为世界上最美丽的猫科动物。它是中亚高原特有物种，中国一级保护动物，在国际IUCN保护等级中被列为"濒危"，和大熊猫一样珍贵。

◆ 外形特征

雪豹因终年生活在雪线附近而得名，又名草豹、艾叶豹。它头小而圆，尾粗长，略短或等于体长，尾毛长而柔。体长110～130厘米；尾长80～90厘米，体重38～75千克，全身灰白色，布满黑斑。

雪豹头部黑斑小而密，背部、体侧及四肢外缘形成不规则的黑环，越往体后黑环越大，背部及体侧黑环中有几个小黑点，四肢外缘黑环内灰白色，无黑点，在背部由肩部开始，黑斑形成三条线直至尾根，后部的黑环边宽而大，至尾端最为明显，尾尖黑色。其耳背灰白色，边缘黑色。鼻尖肉色或黑褐色，胡须颜色黑白相间，颈下、胸部、腹部、四肢内侧及尾下均 为乳白

动物世界的敏捷猎手 野豹

布着许多不规则的黑色圆环，外形似虎，尾巴甚至比身子还长。它生活在雪线以上，被誉为世界上最美丽的猫科动物。它们行踪诡秘，常于夜间活动。所以专家只能

色，与平原豹不同的是，它前掌比较发达，因为雪豹是一种崖生性动物，前肢主要用于攀爬。

雪豹冬夏体毛密度及毛色差别不大，周身长着细软厚密的白毛，上面分

粗略地根据它们大致的栖息地范围和每只雪豹的领地范围，推算出全世界大概有3500～7000只野生雪豹。

雪豹是中亚高原特有物种，是我国一级保护动物，

野豹

在我国主要分布于西藏和新疆地区。另外，各地动物园共有圈养雪豹600～700只。

◆ 物种习性

（1）生活环境

雪豹为高山动物，是食肉动物栖息地海拔高度最高的一种，栖息环境主要有4种，即高山裸岩、高山草甸、高山灌丛和山地针叶林缘，从不进入森林之中，海拔高度为2000～6000米之间，不同季节之间往往有沿山坡垂直迁移的习性，夏季栖息的高度大多在5000米左右，冬季则下迁至1800～500米处，偶而在平原地区也有它的踪迹。

在可可西里，雪豹夏季居住在海拔5000～5600米的高山上，冬季一般随岩羊下降到相对较低的山上。雪豹的巢穴设在岩洞中，一个巢穴往往一住就是好几年。雪豹迁徙的主要原因并不是为了避寒，而是为了追逐食物。

（2）生活习性

①巢穴。平时独栖，仅在发情期前后才成对居住，一般有固定的巢穴，设在岩石洞中、乱石凹处、石缝里或岩石下面的灌木丛中，大多在阳坡上，往往好几年都不离开一个巢穴，窝内

常常有很多雪豹脱落的体毛。巡猎时也以灌丛或石岩上作临时的休息场所。雪豹由于毛色和花纹同周围环境特别协调，形成良好的隐蔽色彩，很难被发现。

②活动时间。昼伏夜出，每日清晨及黄昏为捕食、活动的高峰。独居，夜行性，晨昏活跃。

③活动路线。雪豹猎食出去很远，常按一定的路线绕行于一个地区，需要许多天沿原路返回，白天很少出来，或者躺在高山裸岩上晒太阳，在黄昏或黎明时候最为活跃，上下山有一定路线，喜走山脊和溪谷。

④活动特点。雪豹感官敏锐，性机警，行动敏捷，善攀爬、跳跃。由于其粗大的尾巴做掌握方向的"舵"，它在跃起时可在空中转弯，因此其捕食的能力很强。性情凶猛异常，但在野外一般不主动攻击人。雪豹因为全身被有厚厚的绒毛，所以很耐严寒，即使气温在零下20多度时，也能在野外活动。其叫声类似于嘶嚎，不同于狮、虎那样的大吼。

⑤捕食。雪豹以猫科动物特有的伏击式猎杀为主，辅以短距离快速追杀。它主要捕食山羊、岩羊、斑羚、鹿，兼食黄鼠、野

兔等小型动物或以旱獭充饥。有时也袭击牦牛群、咬倒掉队的牛犊。它有相对固定居住地点，育幼期多利用天然洞穴。黄昏时，岩羊开始离开岩石到草地觅食，雪豹则随岩羊群活动，常以突然袭击的方式捕食岩羊，咬其喉部使之死亡。雪豹勇猛异常，善于在山岩上跳跃。它们把身体蜷缩起来隐藏在岩石之间，当猎物路过时，便突然跃起来袭击。冬天寻不到食物时，它们就跑到低山区偷食人类的家畜和家禽。

◆ 分布情况

雪豹是中亚高原上的特产，分布于哈萨克斯坦、乌兹别克斯坦、塔吉克斯坦和吉尔吉斯斯坦等中亚各国，蒙古、阿富汗、印度北部、尼泊尔、巴基斯坦、克什米尔等地。

雪豹在我国主要分布在西藏、四川、新疆、青海、甘肃、宁夏、内蒙等省区的高山地区，如喜马拉雅山、可可西里山、天山、帕米尔、昆仑山、唐古拉山、阿尔泰山、阿尔金山、祁连

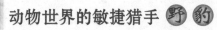 动物世界的敏捷猎手

积显著大于生命带，这些种群整体存活的可能取决于对各个被分隔的"核心"的保护以及它们之间在空间上进行接触的可能性。即使是最极端的条件下，雪豹不仅仍出现在100～200年前有记载的分布区，还有不少出现在以前并不知道的区域内。

山、贺兰山、阴山、乌拉山等等。这些地方大多为没有人类居住的地区，仅生长着极少的高山垫状植被。

雪豹至少仍分布于中国的阴山和太康山中一些被隔绝的山脉之中和西伯利亚南部的一系列区域内。阴山及太康山位于戈壁的南部或东南部，是从雪豹的主分布区分隔而来，至今无人能解释为什么雪豹会生活在这些区

◆ 种群现状

（1）沿俄蒙边境线分布的雪豹

根据1990年代的考察，许多雪豹小群出现在西伯利亚、蒙古、中国的北部和哈萨克斯坦的东北部，呈岛屿化分布，它们被上百千米的泰加林、厚厚的冬雪和荒漠隔离。这里的死亡带面

域里。雪豹向其分布区最北部和西部的Kuznetsk-Altai、Kansk Belogorye和Transbaikal扩张这一现象，也仍然符合V.G. Heptner设定的框架，可被认定为最广泛的物种分布区。Transbaikal分布区（俄罗斯）与其相邻地区的心

青海，雪豹总数约650只（1988年），再加上青海西北的昆仑山系和可可西里部分，估计青海的雪豹不会低于1000只。在西藏，雪豹分布区的面积至少为青海的两倍（1992年），加上甘肃、新疆和四川西北部，估计全国雪

脏地带存在明显的空间隔离，其距离超过800千米。距离之大留下了巨大的缺口，Dzhungarian-Gobi将雪豹的分布区分隔为两个大区，即：西伯利亚—蒙古地区和喜马拉雅—西藏地区。

（2）中国雪豹现状及保护

中国青藏高原及帕米尔高原地区是雪豹的主要分布区。在

豹的总数在2000～3000只左右。但据1992年的报道称，中国分布总共估计有2000～2500左右，该报道还称全世界共有4510～7350只。

雪豹有很高的经济价值，所以一直是人狩猎和捕杀的对象。特别是因其有固定的活动路线，偷猎者在其必经之路埋下铁夹就

可将其捕获，导致其种群濒危。同时，岩羊数量下降也给雪豹这个靠捕食岩羊生存的种群造成了灾难。中国曾在新疆塔克拉玛干大沙漠腹地的安迪尔胡杨林附近，以及在尉犁县的芦苇丛中捕到过。

近年中国相继在有雪豹分布地区建立和筹建了一批自然保护区，如：甘肃东大山、新疆塔什库尔干自然保护区，1992年中国承办了第七届国际雪豹学术讨论会，对保护和科学研究雪豹起了推动作用。

雪豹是亚洲高山高原地区最具代表性的物种，国际上正在实施一个保护雪豹行动计划，使雪豹得到很好的保护，进而能够保护整个高山地区的动物区系和生态系统。

（3）面临的三大威胁

①暴利驱动非法猎杀

为了获取珍贵皮毛而猎杀雪豹，是目前该物种面临的最大威胁。据了解，一张雪豹皮能使猎手获得100～500美元。

②虎骨不足豹骨来补

由于虎骨供给量下降，传统中药制造商将目光转向雪豹。尼泊尔的一些牧民甚至用雪豹的骨头到西藏交换家羊。

③野生食物不断减少

在许多地区，尤其在沿保护区的缓冲区，家畜的数量远远超过野生有蹄类动物的数量。由于雪豹可利用的空间和食物已不能满足它们的需求，便对家畜进行捕食，常常被愤怒的牧民们猎杀以示报复。

雪豹的"三力"

——蒋 蓝

　　雪豹是雪域边疆生活的一个图腾，仿佛神明的作品横空出世——它耀眼的环纹是神明的大手印。

　　在张澄基教授翻译的《密勒日巴大师歌集》里，尊者就以绝对的自信和无畏的定力，心住正见，吟唱了下面这首歌：

　　　　雄住雪山之雪豹，

　　　　其爪不为冰雪冻。

　　　　雪豹之爪如冻损，

　　　　三力圆满有何用？

　　这里的"三力"是指雪豹或老虎具有三种威力，皮之不存，毛将焉附？豹子的爪通达内心，既是力量的终结点，也是被大手印抚摸剩下的火焰。后来，传言尊者已坐化，徒众们准备到拉息雪山去挖掘尊者的遗骸。他们快要抵达尊者住穴时，忽然看见对面一个大盘石上，有一头雪豹爬上了盘石，并在石上张嘴弯腰的打了一个呵欠，他们注视该兽良久，最后它才离去。最后，在一条极为险狭的路径上，他们又看见一头似虎似豹的野兽，瞬间就跑向一条横路上去了。以后这条路就叫做虎豹之路。

尊者说道："我在崖石顶上曾看见你们在对山休息，所以知道你们来了。"

释迦古那说："我们当时只看见崖石上有一头野豹，并未看见尊者，那时您究竟在哪里啊？"

尊者微笑道："我就是那个雪豹啊！得到心气自在的瑜伽行者，于四大有随意转变的能力，可以化现任何形状物体，变现万端，无有障碍，这一次我也是特别对你们这些根基深厚的徒众显示了这点神通，你们应对此事守密，莫对人言。"

因此，雪豹在高原上具有一切造型也是不过分的，它甚至成为一些民族的图腾。除了它镇守着距离天庭最近的巴比塔，它的生活，就等于展开了一幅升天得道图，它现身时，人的心灵总是在惊悸，莫非是密勒日巴大师在考验人们的定力？

雪豹是雪地绝对的权力，许多野蛮人部族的萨满巫师长期认为雪豹是冻原上最优美和最迅速的猎人。许多时候这些部落的战士会在激烈的战斗中模仿这种大型白色猫科动物。另外，野蛮人萨满巫师有时会创造法术令战士暂时性的获得雪豹的敏捷。但是由于这些法术是暂时性的，很多时候这些法术会在不恰当的时候失效。

但是据说，有一群野蛮人萨满巫师曾秘密聚集以研究如何更好的产生雪豹的敏捷能力。几乎一年里他们没有回到部落，只是忙碌的将他们的注意力集中到雪豹的魔法上。然后有一天，这些萨满巫师回到他们各自原来的部落，每人带着一个银质的小项链，下面挂着一个好象雪豹爪的挂饰。这些萨满巫师把这个挂饰交给他们各自部落最强大的战士。当一围上这个战士的脖子，雪豹的敏捷就充满了他们强有力的躯体。从那以后，雪豹护符，这是它后来的称呼，就成为了野蛮人部落中最珍贵的宝物。只有最有力的战士才有资格佩戴他，而有朝一日能佩戴上雪豹护符成为了所有年轻战士的目标。

哈萨克牧民说，雪豹捕食羊、麝、鹿、雪兔、鸟类，当它闯入羊群，只袭击其中瘦弱无用的一只，绝不伤害别的，更不会像狼那样乱咬一气。它本性中的残忍转化为无与伦比的节制和风度。而一旦它的胃口得到满足，立刻目光柔和，如同一位苦修者，然后回到雪山上去沉思，去思考雪如何开出莲花，石头如何孕出玛尼堆，土壤如何预谋贝母，去观察白云如何飞舞成经幡。雪豹已成为高原野兽的"旗舰"。如今在珠穆朗玛峰附近，却还不时地出没，并时常惹出不大不小的事端，让住在那儿的人们，为自家的畜生不幸身亡而悲痛。有报道说，有一个挂职锻炼干部的马，夜间把马拴在树上，第二天发现马已经死了，血液被路过此地的雪豹喝干了。对于家畜，雪豹不到饥饿难耐，一般都不吃它们的肉，它只吸吮血管里的血。这种嗜血的直接性，与它的皮毛，产生了反讽意味的张力。毕竟，雪豹是野兽，不是一般意义的动物。

诗人沈苇曾在《新疆词典》中写道：当人说出"雪豹"二字，表明他有所选择，这正如上帝在13世纪选择了一头"豹子"，仅仅为了让它成为但丁《神曲》中的一个词。一切珍稀的灵兽，一切伟大的创造，均是出于上帝的精选。对于人类来说，拥有和雪豹一样被选择的勇气和魄力，永远为时未晚。

在列昂尼德•姆列钦的《历届克格勃主席的命运》有这样写到：曾任克格勃主席的刽子手叶若夫。竟然有诗人为他献诗："谁比雪豹勇敢无畏，比雄鹰目光敏锐？受全国爱戴的人，目光敏锐的叶若夫。"这不但脏了诗，更弄脏了雪豹。即使面对雪豹，面对雪豹忧郁的凝视，人类自然有多种属性的选择与被选择，不是忙于胡乱比附，而是应该慢下来，然后，等候雪豹的赋予。

 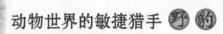

野

豹

云 豹

云豹别名龟纹豹、荷叶豹、柳叶豹、樟豹。

◆ 外形特征

云豹比金猫略大，体长1米左右，比豹要小。它体侧由数个狭长黑斑连接成云块状大斑，故名之为"云豹"。云豹体毛灰黄，眼周具黑环。颈背有4条黑纹，中间两条止于肩部，外侧两条则继续向后延伸至尾部；胸、腹部及四肢内侧灰白色，具暗褐色条纹；尾长80厘米左右，末端有几个黑环。栖息在山地常绿阔叶林内，毛色与周围环境形成良好的保护及隐蔽效果。爬树本领高，分布于长江以南各省及陕西、甘肃、台湾等地。

云豹是最小的"大猫"，它们的体形和大小像一只猫，但是头骨和牙齿完

全是属于一只豹的。云豹体长70～106厘米，尾长70～90厘米，肩高60～80厘米，雄性体重约23千克，雌性约16千克。

云豹的四肢较短而粗，并拥有几乎与身体一样长而粗的尾巴。云豹头部略圆，口鼻突出，爪子非常大。体色金黄色，并覆盖有大块的深色云状斑纹，因此称作云豹。云豹口鼻部、眼睛周围、腹部为白色，黑斑覆盖头脸，两条泪槽穿过面颊。圆形的耳朵背面有黑色圆点。瞳孔极不平常，为长方形。它们的牙齿也与众不同，犬齿的长度比例在猫科动物中排名第一。犬齿与前白

齿之间的缝隙也较大，这样他们就更容易杀死较大的猎物。云豹犬齿锋利，与史前已灭绝的剑齿虎相似。尾毛与背部同色，尾端有数个不完整的黑环，端部黑色。

云豹全身淡灰褐色，身体两侧约有6个云状的暗色斑纹。云豹身体两侧的深色的云纹正是很好的伪装。因此，它们在丛林里生活，很不容易被人发现。平时云豹非常安静，即使当你从它们蜷伏的树枝下走过时，你也不知道你的头顶就有云豹。它们个子虽然短小，但却具有猛兽的凶残性格和矫健的身体。

云豹主要生活在中国南部，泰国、马来西亚和印度尼西亚的苏门答腊和婆罗岛。它们很大的，灰色的爪子和弯曲的腿使他们非常适合爬树。

野

豹

◆ 生活习性

云豹是树栖性的，栖息于亚热带和热带山地及丘陵常绿林中，垂直高度可达海拔1600～3000米。它们腿短但爪子附着力强，可能在地面上行动比较笨拙，但在树上却非常灵活，用长长的尾巴来保持平衡。云豹白天黑夜都非常活跃，尤其是黄昏时分，一般在树丛或岩石上休息。云豹性情隐秘、凶猛，能够大声咆哮。云豹和大多数猫科动物一样是纯肉食者，捕食方法多为偷袭。常常守候在隐秘的树丛中伏击那些毫不知情的动物。从粪便分析来看，云豹主要吃猴类、猩猩、鹿、麂、野猪、鸟类和鱼类，有时也吃一些草来调节肠胃。

云豹是以树为家的森林动物，是高超的爬树能手。在树之间跳跃对它们来说实在是小意思，要知道它们可是能以肚皮朝上，倒挂着在树枝间移动，也能以后腿钩着树枝在林间荡来荡去。它们

的特殊本事得益于千百万年来的进化，它们的四肢粗短，使得重心降低；带有长长利爪的大爪子能帮助它们在树间跳跃时牢牢地抓住树枝；它们那条又长又粗的尾巴则是它们在攀爬时重要的平衡工具；它们的后腿脚关节非常柔韧，能极大增加脚的旋转幅度。所有这一切都使它们能很漂亮地完成那些高难度动作。

云豹还善于游泳，能仅凭一条后腿即可游动。

云豹一年四季都能交配，妊娠期86～93天，幼崽通常在树丛中或树洞里出生，每产2～4崽。初生时重量140～280克，10～12天睁开眼睛，约20天开始走动。10周大可以吃固体食物，3～5个月才完全断奶，6个月大的云豹身上的皮毛开始长齐，10个月以后就能离开母亲独立生活。

云豹大约在2岁性成熟，交配期在圈养情况下大部分是在每年的冬春。经过86～93天的孕期，母豹会生下1～5个孩子，小云豹长到10个月即可独立。母豹每年都可能做一次妈妈。云豹寿命大概有11年，圈养情况下约能

活17年。

　　云豹是奉行一夫一妻制的猫科动物，一旦找到意中人，便终生只与配偶交配。不过这也增加了人工繁养的难度，因为云豹的凶猛对同类也丝毫不减。公云豹对母豹不会怜香惜玉，甚至可能在交配期间杀死母豹。因此全世界只有不到20％圈养云豹能成功繁衍出后代。在这方面，位于美国俄克拉荷马州，负责专门繁衍濒临绝种动物的橡丘中心取得了不小的成就，他们在幼豹出生一年后便让它们熟悉可能的交配对象，以免在交配时出现不幸的暴力惨剧。

◆ 分布范围

　　云豹分布于东洋界大部分地区，北限为中国的秦岭淮河一线，包括尼泊尔、不丹、印度阿萨姆地区、中南半岛、马来半岛、印度尼西亚苏门答腊和加里曼丹。中国主要分布在河南洛阳、甘肃南部，西至西藏察隅等地，南止于海南省，东至浙江省及台湾省。江西、湖北、湖南、福建、四川、贵州、广东、云南诸省都有分布。

云豹曾遍布亚洲，如今却由于人类贪图它们的美丽毛皮和豹骨而陷入濒危绝境。在国外，云豹生活在东南亚一带热带、亚热带的丛林中，包括尼泊尔、不丹、中南半岛、泰国、马来西亚、印尼等地。在我国台湾，它们曾是某些当地土著山民的精神象征，可惜再高贵的精神象征也无法和现代人类的贪婪抗衡，于是不幸的台湾云豹终于在1972年灭绝。

◆ 生存现状

云豹的野外生态研究难度较大，因此很少见到对云豹进行较深入的种群调查报道。自20世纪60年代以来，台湾只有一些打猎者的目击报道，但这些报道并没有得到证实。海南岛的云豹数量非常稀少并面临灭绝的威胁。江西的云豹在20世纪60年代和70年代数量较多，每年捕获量均在百余头。1984年作者在皖南调查8个县，其中宁国、泾县、歙县和旌德于1983年共收云豹皮19张，其他县极少。1995年3月调查，宁国县林区近年来仍经常有云豹出现，已无人公开狩猎、出售和收购云豹皮张。云豹数量较多的省是江西、福建、湖南、湖北、贵州，20世纪70年代的云豹皮产量均在100张左右。其次是四川、浙江、广东，每年数十张。20世纪70年代与60年代相比，数量变化不大，但70和80年代开始趋于

野

豹

下降。近年来数量略有回升，估计全国现有资源量不过数千头。云豹分布区边缘的陕西秦岭及河南已濒临绝迹。云豹数量最多的地区在婆罗洲（加里曼丹岛），估计在10000头以上，因为那里没有虎和豹。

（1）致危因素

①云豹是森林动物，我国森林的破坏已直接影响其种群数量。

②一些盗猎者为追求豹骨及华丽贵重的毛皮而肆意捕杀，故直到20世纪80年代中在一些大城市的裘皮商店中云豹皮尚常可见到。

③林区狩猎极为普遍，云豹赖以生存的食物相应减少，同样影响云豹种群的增长。

（2）饲养情况

1980年中国有29家动物园饲养云豹，但多数动物园仅1或2头，上海动物园1雄2雌，从未繁殖，中国不超过50头。在动物园内饲养的雄性云豹经常会咬死比它小很多的雌性，因此较难繁殖，已知仅江西南昌动物园等少数几家动物园有繁殖成功的纪录。

（3）保护措施

云豹已被列为国家 I 级保护动物。在分布区内，有很多自然保护区内尚有少量云豹生活，其中桑植八大公山保护区（湖南）、宜黄华南虎保护区（江西）等。在广西有云豹的保护区有（李世裕，1993）：九万山水源林保护区、布柳河水源林保护区、滑水冲水源林保护区、银殿山水源林保护区、下雷水源林保护区。停止虎豹骨入药，将会减轻对它的捕杀压力。

（4）保护措施建议

①所有自然保护区，应禁止任何狩猎活动。

②继续执行停止虎豹骨入药，将会减轻对它的捕杀压力。

③动物园内饲养的云豹建立谱系档案，有计划地发展2～3个云豹饲养基地，不配对的分散饲养是濒危物种的进一步消费。

④开展对云豹种群生态和数量研究工作。

◆ **与人类的关系**

由于云豹的行为使它们很少为人所知，因此云豹的数量没

有可靠的估计。世界自然保护联盟估计总数少于10000只，并警告数量在不断下降中。一般认为大量的森林砍伐导致栖息地丧失和制作中药是导致云豹数量减少的主因。只有六只云豹曾做过无线

生态和行为几乎没有了解。

世界自然保护联盟将云豹在世界自然保护联盟濒危物种红色名录列为易危的等级，此外濒临绝种野生动植物国际贸易公约在中将云豹列为附录I物种，禁止对

野

豹

电项圈，用无线电了解它们栖息的范围，所有这些研究都是在泰国做的。几乎所有对云豹的知识都来自豢养云豹的研究。除此之外对于云豹在野外自然的生活、

云豹的国际交易。在云豹原产地的国家和地区中，猎捕云豹也是被禁止的，只是这些禁令通常执行的成效很差。

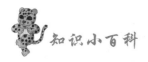
知识小百科

云豹的故事传说

黄山自古就有许多关于云豹的故事，此处不妨略举几例。要说明的是，黄山一带历来就虎豹不分，一视同仁——虎即是豹，豹即是虎。

黄山白鹅岭往北海、始信峰三叉路口有松名"黑虎"。松名之来由，并非该松长得气势雄勃，虎虎生威，而是因为古时一位老僧在一个傍晚曾见一只黑虎卧于松顶。现在看来，那老僧在昏暗中所见的黑虎想必就是灰褐色皮毛上布满黑色云形斑纹的云豹——算起来也该

野

豹

是这只幸运的云豹的祖宗八代了。光明顶北侧是石门峰，入门向东可下至"皮篷"。就在石门不远有一幽深石洞。宋朝时就有人见数只云豹栖

身于此。洞因此名为"苍豹洞"而载入黄山史册。

到了明代，云豹的故事更神奇且人性化了。传说明万历年间，开发光明顶以南——慈光

寺、文殊院、莲花峰一带的普门
大师，就曾医治过一只云豹并
收为徒弟，用以看家护院。

也是在明万历年间来黄
山，却致力于云谷寺
一带开发的寓安大师也
有一段夜行遇虎（云豹），训
导云豹与人为善的故事。史书这样记
载："师道行高深，尝夜行遇虎，师径前摩
虎顶，嘱曰：'佛子佛子，尔无我虞，我无尔怖。'
虎戢尾受戒，不动不吼，人争异之。师曰："'人虎相安，理之自然，
于我法中未为贵也。'"

　　又传说黄山从古至今，绝无虎豹伤人，全是两位大师爱护动物、
教育有方的故事。由此看来，这只云豹之所以幸运，一是因为我国法治
教育的普及；二是保护野生动物的光荣传统，在黄山历史悠久，至今传
承。

　　布农族古老的传说中，台湾黑熊和云豹的毛本来都很难看的颜
色，它们常常为了这件事互相叹气诉苦。有一天，黑熊和云豹特地聚在
一起，希望能商量出变漂亮的办法。最后黑熊提议，彼此帮对方用颜料
化妆。云豹要求先化妆，老实的黑熊很用心的替云豹涂上美丽的颜色和
花纹，从此云豹便拥有一身漂亮的毛，轮到云豹替黑熊化妆，云豹怕黑
熊比自己漂亮，就起了坏心，决定把黑熊弄得比本来更丑。云豹叫黑熊
闭上眼睛，然后随地抓把黑色的烂泥，上上下下的在黑熊身上乱涂，等
黑熊发觉，除了胸前1块V字形的皮毛外，全身都被涂黑了，黑熊愤怒极
了，朝着云豹逃走的方向追去。云豹不管怎么跑都躲不开，只好答应每
次打猎后一定留一半猎物给黑熊，这就是云豹和黑熊毛皮的由来。

黑 豹

黑豹，是对猫科家族一些特定成员的一个宽泛的定义，因而不是一个生物学上科学的分类概念，指的是某些豹和美洲豹的黑色变异个体，因而当指称"黑豹"时，可能指的物种有两个。某些较小的猫科动物有时也被民间称为黑豹，比如黑色变异个体的金猫等。

黑豹主要分布在亚洲，亚洲南部、阿拉伯半岛和非洲。其通

体黑色，体长约有1～1.7米（包括尾巴）。事实上，黑豹的皮毛上仍是带有斑点的，但只有在强

黑豹的食性依个性而有所不同。

　　黑豹常栖息于森林、山区、草地和荒漠，性情孤独，夜间活动，能爬树、游泳，奔跑速度每小时60千米，能跳6米远、3米高，号称"全能冠军"。其视觉、听觉、嗅觉极为灵敏，捕食各种中小型动物。孕期约100天，每胎产1～3仔，3岁性成熟，寿命20多年。

　　黑豹是豹的黑色变种，眼睛呈蓝色，其实黑豹毛皮上也有斑点。这种具有黑色毛皮的豹在东南亚的森林中最常见。这种身上没有明显斑点的黑豹与其它的豹没有什么区别。黑色是基因组合的差异所造成的，如美洲豹、家猫等也能产生黑色个体。

光的照耀下才会显现。黑豹即使白天也居住在黑暗的森林深处。它们的力气很大，可将重于自己体重两倍的猎物拖到树上食用。

黑豹隐居七年"重出江湖"

2008年4月3日，天津动物园的神秘居民——黑豹，在隐居7年之后，再次"重出江湖"。

这对黑豹，自2000年先后由西安和广州移居天津后，它们仅面向游客展出4个月，便被送到动物园珍稀动物繁殖研究中心，过起安逸的隐居生活。这是因为黑豹繁殖难度大、成活率低，为了让这种珍稀动物免受外界干扰，成功繁育后代，动物园的工作人员把它们放在了繁殖研究中心精心饲养。

经过专业技术人员的努力，2003年，它们在天津首次繁殖成功，生下了一对龙凤胎。在随后的2年中，这对恩爱的黑豹夫妇有先后产下了三胎，共6只黑豹，特别是2007年5月，母豹再传喜讯，一胎同时产下4只小豹。这一产仔记录在全国都属罕见。随着黑豹家族的日益壮大，天津动物园就趁《世界不能没有它们》珍稀野生食肉类动物展之际，选择了两只同为三岁体健貌美、最能展现出黑豹风采的年轻兄妹，代表黑豹家族参展。

2008年4月3日上午10点，天津动物园开始给这对黑豹兄妹搬家，它们要从繁殖研究中心搬到中型猛兽馆。要使黑豹顺利入住，中型猛兽馆原来的住户美洲豹，需要先腾出房间。不知是不是害怕搬家，注射了麻醉药的美洲豹就是不肯入睡，动物园的工作人员足足等候了近2个小时，这个大家伙才睡着。漫长的等候，让黑豹兄妹很是焦急，对着来来往往的人不断低吼。

好不容易等到了美洲豹腾出房间，黑豹兄妹很是配合兽医，打过了麻醉针后很快就睡着了。待工作人员把它们装进运输笼后，兽医们又为它们打了一针催醒针，睡醒之后的黑豹兄妹高兴地搬到了新家。

朝鲜豹

朝鲜豹的中文学名为远东豹，还有其他的名字叫东北豹、阿穆尔豹。

中国和俄罗斯野生生物专家宣布，野生远东豹目前在世界上的数量分布已不足80只，濒临灭绝。而30年前，仅吉林省境内就有近50只远东豹活动。

中俄专家认为，在一些传统栖息地远东豹已经基本绝迹。更糟糕的是，由于人类活动范围的日益扩大，现存的远东豹已被分割在数个"孤岛"上，相互间的通婚交配受到限制，因此，它们繁衍生息所必需的野生种群也已非常稀少。朝鲜豹交配季节通常在每年的1、2月，怀孕期在95～105天之间。远东豹是大型猫科食肉动物——豹的20多个亚种之一，与东北虎一样，曾大量分布在俄罗斯远东地区、中国东北的黑龙江和吉林两省的茂密丛林中。栖息地的破坏、偷猎威胁了野生远东豹的生存，1970—1983年间，有大量远东豹被捕杀。

俄罗斯远东地区（1998年估计）有40只野生远东豹；朝鲜（1998年估计）有大约10只野生远东豹保留在森林里；中国野生远东豹的数量估计为10到15只；韩国的最后一头野生远东豹在1969年被射杀了。1999年统计，有223只远东豹被饲养在71个动物园，其中有95头在北美洲的动物园。动物园的远东豹寿命为17年。

斯里兰卡豹

斯里兰卡豹又名锡兰豹，其皮毛呈黄褐色或锈黄色，身体瘦长且前掌宽大。常以水鹿，野猪等动物为食，基因研究表明，斯里兰卡的豹是旧大陆豹的亚种。

野生斯里兰卡豹的确切数量仍然未知，从20世纪殖民时代的贵族狩猎游戏到现在为了金钱的偷猎活动，它们都遭到大量捕杀，濒临灭绝。

早在1938年，当地就下令保护豹子，但是偷猎活动在保护区内还有发生。2001 年1月以来至少25头豹子被偷猎者杀害，其中有14头豹子在斯里兰卡中央的 Wasgomuwa 地区被杀害，5头豹子在Yala 国家公园被杀害。另外，附近的Uda Walawe保护区还有1头豹子被杀害。其实斯里兰卡很多地区还有许多豹子被捕杀，但未被记录。

阿拉伯豹

◆ 概 述

阿拉伯豹主要分布在阿拉伯半岛上，其体形也许是现存豹亚种中最小的了，该亚种体重在20～45千克之间，毛色偏浅，它们曾经分布在阿拉伯半岛地区（阿曼、也门、沙特阿拉伯等），由于栖息地的减少，人为的捕杀等原因，彼得•杰克逊认为

1990年之后半岛地区的阿拉伯豹已经非常罕见。目前阿曼南部的佐法尔地区大约有12只；也门北部的瓦达地区也有一些；沙特阿拉伯沿红海的阿奇尔山脉也有。另外，阿联酋也有不超过10只阿拉伯豹残存。估计全球野生阿拉伯豹的数量为150～200只，有人也认为不到100只。

◆ 生活习性

阿拉伯豹生活在半沙漠区和陡峭的石山上面，以狒狒、野羊、蹄兔和其他鸟类为食。在阿拉伯半岛以外的地区，几乎是看不见它们的。

阿拉伯豹在豹类的大家族中属于体形相对较小、花纹颜色较浅的一种。它们大多生活在山区、丘陵地带。成年雄豹体重约

为30千克，雌豹为20千克。由于自然环境的改变和人类的滥捕滥杀，目前阿拉伯豹的数量越来越少，分布范围也逐渐缩小，现在仅仅在阿拉伯半岛南部的纳杰夫沙漠和沙特阿拉伯、阿曼和也门三国交界的山区能够找到这种濒危野生动物的踪影。

◆ 保 护

（1）保护现状

目前，阿拉伯豹的状况引起了海湾国家的关注，相关国家纷纷出台相应的保护措施。在阿联酋设有阿拉伯豹研究中心，负责协调各国有关阿拉伯豹的信息和资料，并进行科学研究。

阿拉伯豹极为稀少，目前阿联酋的沙加自然博物馆的圈养中心有几头；阿联酋动物园有2只。阿曼的希伯圈养中心有3只，但不对公众开放；沙特阿拉伯的塔伊夫野生动物研究中心饲养有2只；也门一个动物园也有3只阿拉伯豹。

（2）保护措施

在海湾国家中，阿曼是开展阿拉伯豹研究和保护最早的国家，拥有目前世界上唯一的一个以保护阿拉伯豹为主要目的的自然保护区，目前通过雷达跟踪监

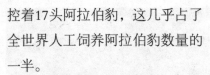

控着17头阿拉伯豹，这几乎占了全世界人工饲养阿拉伯豹数量的一半。

从1997年开始，阿曼皇家环境保护中心、阿曼农村地区和环境、水资源部联合在位于扎菲尔附近的萨马汗山区设立了自然保护区，保护境内以阿拉伯豹为主的野生动物和自然环境。保护区设立后，阿曼的科学考察队开始在自然保护区内设立红外线自动摄像机，这种摄像机可以全天候摄录周围的环境和阿拉伯豹出没的情况。

2000年开始，科考队的设备开始更新。GPS全球定位系统和直升机开始运用到保护阿拉伯豹的行动中来。科考队在自然保护区内搭建了3处临时宿营地，并在营地附近设置了多个陷阱诱捕阿拉伯豹。对于捕获的阿拉伯豹，经过兽医的麻醉后，保护人员为它们装上了GPS全球定位系统，然后重新放回被捕获地。经过7个星期的努力，他们共为8只阿拉伯豹装上了这种装置。通过该装置，科考队就可进一步发现和这些阿拉伯豹有接触的其他个体，从而不断扩大被跟踪的豹群规模。

现在，随着电脑和雷达设备的应用，科考队的工作方式更加现代化。他们可以很容易确定任何一只有记录的阿拉伯豹目前的地点、健康情况以及相应的家族关系。

除了观察清点保护区内的阿拉伯豹数量外，参与该项目的工作人员还在研究豹和当地人畜的关系。在当地人的眼中，阿拉伯豹就是猛兽，人们为了保护人畜的安全曾经不断猎杀这些动物。为了改变当地人的观念，增强保护阿拉伯豹的意识，自然保护区工作人员不断向当地人赠送画报、宣传册，还花钱聘请当地人担任阿拉伯豹活动调查员，让他们积极参与到这项活动中来。

知识小百科

三北猫科动物研究所

目前，三北猫科动物研究所是中国唯一一家主要以野生猫科动物为研究主体的民间科研机构。研究所成立之前的十年间，已累计拍摄十九只金钱豹和纵纹虎等珍稀大型野生猫科动物和豹猫的图片、影像资料，整理出大量文字记录，并在实践中总结出了一套目前国内最具专业性的野外大型猫科动物科考、跟踪、拍摄、研究手段。三北猫科动物研究所成立后将继续完善山西和三北地区猫科动物的研究，同时积极拓展中国其它地域野生猫科动物的资源调查。

三北猫科动物研究所探索以图片和影片的形式展现中国野生猫科动物的神秘与濒危！让公众了解目前中国野生猫科动物的境况，促使公众认识保护猫科动物对于人类生境的重要性；以翔实的数据辅助国家相关部门加大野生猫科动物栖息地的建设、保护。

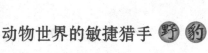

非洲豹

◆ **非洲豹概述**

在非洲的大草原上生活着漂亮的非洲豹，它们的体形非常俊俏。

非洲豹有着玫瑰花形的图案，有利于在斑驳的树荫下做更理想的伪装，它们的尾巴很长，不仅能当作标记，还能在树上保持平衡，非洲豹肩高60～70厘米，尾长90厘米，重50～90千克，它属于猫科动物。

非洲豹喜欢独来独往，不喜欢群居生活，它们每隔几天就换一次巢，这样可以减低被狮子和土狼这一类非常强的杀手找到的风险，它一胎生两三只小豹。它们既敏捷又善于爬树，而且它还善于晚上单独出来，一遇到危险会发出锯木般的声音。

非洲豹有一套自己独特的捕猎的方法，但它狩猎并不是什么时候都成功的。非洲豹会选择比较容易捕获的猎物。它通过偷窥和伪装来捕获猎物，抓到的时候尽可能的快而且无声无息，它偏爱用树木或白蚁墩为自己寻找有利地点，去观察并计划策略，它们是直觉性的杀手，只要一有动静，马上就会开始侦测，这是杀戮者的前系。它捕猎的对象有：猴子、蛇、山羊、绵羊，吃的时候先用牙把皮剥开把骨头咬碎，为了减轻上树的负担，先吃掉猎物的三分之一，然后再拖上树，上树之后，它也会保持高度的警惕，对饮食很小心。它的表象专业而不急躁，不会浪费不必要的努力，冒不必要的险。

非洲豹可以在短时间内爆发很快的速度，当它把食物追的筋疲力尽的时候，它就把猎物扑倒在地，然后伸出伸缩自如的爪子，用牙齿咬住它的喉咙，猎物的脖子上就会出现两个孔，猎物会马上死亡。

非洲豹这些高超的捕猎技巧，就是因为从它们刚刚三个月大的时候，母豹就开始教它们捕猎了。

◆ 习 性

　　非洲豹可以说是完美的猎手，它身材矫健、灵活、奔跑速度快。它既会游泳、又会爬树，性情机敏、嗅觉听觉视觉都很好，智力超常，隐蔽性强，这些是老虎和狮子都办不到的，它也是少数可适应不同生境的猫科动物。

　　非洲豹的猎物主要有鹿、羚羊及野猪，但也会捕猎灵猫、猴子、雀鸟，啮齿动物等，甚至腐肉。在猎物缺乏时，它也会捕猎家畜，因而会发生人豹之间的冲突。和一般猫科动物一样，豹会在密林的掩护下，潜近猎物，并来一个突袭，攻击猎物的颈部或口鼻部，令其窒息。非洲豹通常把猎物拖上树慢慢吃，以防狮子或鬣狗等食肉动物前来抢夺。在食物链上，豹处于次等捕猎者的位置，这也意味着豹同时是老虎及狮子的猎物。非洲豹3至4月份发情交配，6至7月份产子，每胎3至4子，性成熟约在7岁。

　　亚洲非洲等地，从西非到苏门答腊，华北至华南也有豹的踪

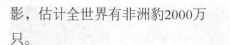

影，估计全世界有非洲豹2000万只。

◆ 非洲豹与猎豹的异同

他们的体态、行为、捕猎方式、甚至性情差别都很大。

（1）体态

非洲豹是一个健壮的斗士，体重约54～55千克，他喜欢呆在有遮挡的阴影之处。非洲豹有职业拳击手那样的体格，肌肉发达、粗壮有力而且坚实的脖子和头以及夜间行动的长胡须。

猎豹体重约41千克，身体细长，喜欢阳关灿烂的开阔平原。猎豹有一只长长的尾巴，尾尖粗重，这有助于它在高速奔跑时保持身体的平衡。它的头很小、嘴边长着短胡须，长着一张带有泪痕的脸、腿细长、大而钝的爪子不能像其他猫科动物那样可以伸缩，猎豹的足腕内存又一个锋利的勾爪，可以像钩子一样把猎物猎物绊倒。它的长腿使他能够在一两百米内就能加速到一百多千米的时速，它挥舞摆动的尾巴使他在急转弯时仍能保持身体的平衡。在接近猎物时它就那个勾爪把猎物绊倒，它可以敏捷地避开猎物锋利的角。

（2）捕猎方法

猎豹不是很有力量，他们不能将猎物的脖子咬断，实际上它们很难将猎物的皮咬穿。但是气

喘吁吁的瞪铃急切需要氧气。而猎豹切断了空气的供应，于是瞪羚很快就死了。

非洲豹用强有力的牙齿咬入礼物身体。

猎豹的80％食物来自瞪羚，而且很在意食物是不是它亲自猎杀的，即使是新鲜动物尸体它都会不理不睬。

（3）行为

非洲豹能捕捉的猎物比猎豹多得多，例如兔子、野鼠、鸟类等其他小动物，黑斑羚、大角斑羚、野牛猎物当然不敢动了，但是非洲豹却敢捕食这些动物。

非洲豹能生活在很广的地区，从沙漠到雨淋，从山区到沿海沼泽。

雌猎豹一次生多达六个幼仔，然而90％的都夭折。

雌非洲豹则两三个，小非洲豹是猎狗，狮子仇恨的对象。很小的时候就可以爬树，它们的成活率较高。非洲豹和猎豹都会为幼仔提供活猎物它们练习捕捉。

（4）性情

猎豹捕猎失败后明显很气愤，而且需要休息很长时间，非洲豹则可以再接再厉。

猎豹是合群动物，雄性猎豹结成联盟，它们坦荡开放像他们生活之地平原一样。

非洲豹则神秘、喜欢黑暗，是孤独的动物；非洲豹最突出的特性就是单独生活，只有交配时在一起。高原和灌木丛交织的地区是非洲豹捕猎的理想场所。

猎豹的捕杀则是快速出击，迅速绊倒猎物，身体避开猎物无乱摆动的角，像铁钳一样钳住猎物的喉咙。

（4）相同点

非洲豹和猎豹都有美丽的斑纹。

 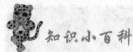

知识小百科

豹比拼鬣与犬

豹的爪子和灵活的攻击方式决定它们完全能在单挑中杀死鬣狗，但与鬣狗战斗所冒的风险使得豹不到万不得已不会与之搏斗，毕竟豹的被动防御力比鬣狗弱。

一只豹子很难对付两只鬣狗，因为豹在短时间内不易给予以其中一只鬣狗以致命的杀伤，在此期间还要遭受另一只的攻击，这是豹无法承受的。但也不排除个别极其强悍的豹子有能力应付两只实力一般的鬣狗。在豹的全力攻击下也难以支撑，很快会被杀死。战例较多，如一只豹被约10只猎狗围攻，杀7只后带伤突围；另有一群小型猎犬在猎人的帮助下攻击一只非洲豹，约半数被杀，其余重伤，一只豹独斗8只有藏獒血统的牧羊犬并杀死其中3只等等，豹因此被猎人称为"杀狗专家"。造成这种现象的一个重要原因在于：狗群中个体间配合很差，加上野性不足，只要有一只负伤或毙命，其余的就溃不成军，更给了豹子以可乘之机，而狼群就不同了。

与狼相比，豺的攻击更加密集，同时性更强，被攻击者更难做出有效的反抗，但个体豺比狼更脆弱．豺群杀死豹子的事件也比较多，即使豺群的规模只有5～10只。这数字也必定超过了豹所能应付的上限，否则豺不会进攻。结合三只非洲野犬就能把豹子撑上树，姑且认为豹的战斗力大约跟3～5只豺相当。豹的战斗力在单独的野猪之上。豹在被围的情况下作困兽之斗，能拼掉多少狒狒就难以计数了。在大型食草兽中，野牛和小长颈鹿也在豹子的捕食之列。综合以上所有比较做出总评：两豹可敌一虎或狮，单豹的战斗力介于美洲虎到云豹之间，能战胜成年野猪和100千克以下的熊，可敌1～2只鬣狗，2～3只狼，3～5只豺，家犬若干。

印度豹

印度豹奔跑时速可达每小时约96.56千米，长腿、细腰、嘴在脸部并不突出，小而精致，两眼平行向前，捕猎时可聚焦猎物。印度豹看起来更像是身材大些的猫，并不攻击人类，它们不像美洲豹一样能用牙齿咬穿猎物的脖子。它们虽然进化成一种快速高效的猎手，然而和其他像狮子这一类更强大的猫科动物相比，它们是相对比较弱小的食肉动物。

印度豹在猫科中，属于猎豹亚科，有单独的亚科、属、种。它不像花豹和美洲豹等之间有密切关系，它们与印度豹仅同为猫科。而花豹、虎、狮、美洲豹等归类为豹亚科，豹属。

野

豹

◆ 外形特征

虽然印度豹在大猫中体型较小，但不失其大猫的基本特质，健壮、胸膛壮阔但腰部纤细。它拥有看来较小的头脑、短嘴，也有对高视力的眼睛，宽鼻，小巧的圆耳。

成年印度豹体重为40～65千克，体长为112～135厘米，尾巴可长至84厘米。

印度豹的黄色毛皮上的黑色斑点是实心圆，而花豹的斑点则

是如花朵状的空心圆，美洲豹则是空心圆内还有个小圆点。

印度豹胸腹部为白色，尾巴

则越靠近尾部条纹越明显，而尾端则为全白色。

此外，印度豹脸上的斑点没有其他豹来得密集，并在口鼻两侧有明显的黑色泪腺。

印度豹也有少数发生毛皮突变，有着更大、更密集的斑点，被称为"帝王印度豹"。过去曾经有被列为亚种的打算，但它们只是印度豹的突变体而已。野生的"帝王印度豹"目前只发现6次。

◆ 生活环境与分布

印度豹喜欢较高的地方，如行至小山丘顶或树上可以观看猎物。它们不适合生活于树木或灌木丛较多的地方，否则它们无法使用独特的奔驰猎捕。

在20世纪的后几十年里，除了伊朗和巴基斯坦还生活着少数印度豹以外，亚洲大陆的其他地区已经没有了印度豹的踪迹。生活在非洲的印度豹数量也在不断减少。在非洲西南岸的纳米比亚现在生活着世界上最多野生印度豹。不幸的是，牧场主也把印度豹视为害兽，印度豹已从20世纪80年代的6000多只下降到现在的3000多只。

◆ 生活习性

印度豹为食肉动物，捕食少于40千克的哺乳动物，如瞪羚、黑斑羚、幼牛羚、人以及野兔。偷偷接近到与猎物10～0米的距离，然后猎捕猎物，猎捕时速度最高可达到时速110千米，且仅一脚着地，但最多只能跑3分钟，超过时生理构造使印度豹必须减速，否则它们会因身体过热而死。通常在1分钟内即可猎捕到猎物，如果印度豹猎捕失败，那将是浪费体力，大致上6次捕猎中仅有1次会成功。不同于其他猫科动物，成年母印度豹并没有主要的地盘，而想要避开其他的印度豹。公印度豹有时会组成小团体，通常是从同一家庭来的。

印度豹一般饿了才捕食，平均三天才能捕到一只猎物，有时它们的猎物还会被狮子和鬣狗等更强悍的动物抢去。印度豹通常利用其出众的奔跑速度来猎取食物。如果有一只羚羊落了单，这在大草原上可是一个致命的错误，印度豹就会抓住这个难得的

机会，先从后侧悄悄地靠近小羚羊。如果两者之间的距离缩短到了一个可以冲刺的程度，这时哪怕羚羊察觉到大祸临头也为时已

动物世界的敏捷猎手 野豹

野豹

了，羚羊在一阵尘土中滚倒在地上，它的蹄在空中挣扎着，想触着地面站起来，然而头颈已经制于豹了。

狮子会猎杀印度豹的幼仔，还会抢夺印度豹捕到的猎物。要将小印度豹训练得自如对付周围的环境可不是件容易的事，这大约需要18个月的时间。而小豹要成长为熟练的猎手则还需两三年的时间。在这段时间内，它们要学会如何捕食，如何躲避危险，只有不到5％的幼豹能长大，因为他们虽然是食物链中的高级成员，却要面对恶劣的生存环境。

◆ **生长繁殖**

母印度豹在怀胎90至95日后，会产下3至5只幼豹，幼豹体重出生时在150至300克。在出生后的13至20个月间，它们会离开母亲，而印度豹的寿命在20年以上。

◆ **种群现状**

在以前，拥有印度豹的毛皮

晚。印度豹开始急速奔跑，猎犬般的利爪掀起块块草皮和尘土。它们间的距离在缩小，终于抓住

被视为地位象征。而现在，则将复育印度豹列为重要的生态保育计划。因印度豹的侵略性较其他大型猫科动物来得小，甚至有时幼豹还被当成宠物贩售。这是个非法的交易行为，因国际会议上已禁止个人饲养野生动物，或濒临绝种的动物。

在以前，农人常会认为印度豹会猎食他们的牲畜而将它们猎杀。而在现代的许多战役后，已试图让农人们去保护印度豹。

由于幼印度豹的基因因素，以及食肉动物的猎捕，如狮子与鬣狗，它们的死亡率相当高，且生物学家也证明现今印度豹的近亲交配也相当严重，此现象已至少持续了1万年，两只相隔几千米远的印度豹，它们的基因可说是毫无变化，这在动物界是非常不利于生存的。

印度豹在世界自然保护联盟的保护现状表中是属于易危的（在非洲的状况是易危，而在亚洲已在极危）。记录于美国生态学学会——CITES（濒临绝种野生动植物国际贸易公约）附录一的归类为濒危。

目前印度有克隆印度豹的计划。

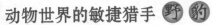

动物世界的敏捷猎手 野豹

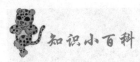 知识小百科

豹的故事

一天，著名动物标本制作师爱克兰正背着猎枪在非洲索马里的热带雨林四处张望，忽然，一只金钱豹趁他不备时对他发起进攻。爱克兰被豹子扑倒在地，胸膛也被它那锐利的爪子狠狠地压住了，不过，豹子没有咬住爱克兰的喉管，却咬住了爱克兰的右手腕。

在这危急关头，爱克兰忍着剧痛，举起左手将一梭子弹射入豹子的腹部，鲜血从它的体内不断地流出来，不一会儿，豹子大嘴张开，倒在地上。

爱克兰这才松了一口气，跑到附近的一棵大树下，急忙把伤口包扎好，等爱克兰重新回到金钱豹倒下的地方时，发现它已不翼而飞。难道它没有死？

爱克兰仔细查看草地，他终于看到地上有一条长长的血带，断断续续地向前方延伸过去。他顺着血迹，一步步搜索过去。

血迹和被压倒的花草痕迹把爱克兰引到了一棵巨大的沙松树跟前。他抬头一望，一条长长的豹尾和两条毫无生气的后腿从树洞口耷拉下来，鲜血染红了洞口的树干。

爱克兰心中一阵纳闷，这只金钱豹正是刚才和自己搏斗的那只豹子，可是，它是怎么跑到这里来的呢？它又为什么要爬到这个树洞里去呢？爱克兰大胆地踞起脚跟向树洞里望去。啊！他惊喜地叫了一声，他看见了两只豹崽正依偎在金钱豹的怀里，起劲地吸吮着奶头。它们浑身沾满了血，不停地往母豹怀里拱。爱克兰受到了很大的震动，原来是伟大的母爱使这只金钱豹重新回到了自己孩子的身边。爱克兰的眼睛模糊了。

后来，爱克兰把两只小豹崽送给了国家动物园，把那头母豹制成了一个漂亮的标本，他在标牌上写着："为了两只刚出生的孩子，这头母豹在弥留之际，竟爬了千余米长的距离，重新回到窝里，用血和剩下的一点乳汁拯救了它的孩子。"

华北豹

野

豹

华北豹是我国的特产，所以也称为中国豹，国际上习惯叫chinese Leopard。

华北豹毛皮颜色要深于远东豹。该亚种分布于河南、河北、山西、甘肃东南部、陕西北部等地，华北豹过去被大量捕杀，20世纪60年代，山西省就捕杀了1750只华北豹。目前，甘肃、河南的华北豹已绝迹，河北开始有零星的华北豹出现的报道，陕西北部也有一部分，山西是目前拥有野生华北豹数量最多的省，因最近环境保护好，上升至大约400只左右。

华北豹一般从头到尾长1.8~2.2米左右，头到臀部长1.1~1.5米，尾巴超过体长之半，约80厘米至1米，体重正常（无大病，无大伤，发育良好，五成饱以上）情况下约45~80千克。一般单独居住，公豹和母豹只有发情期在一起，过后公豹离开，母豹独自养育孩子。其发情期在4~5月，幼豹于6~7月出生，下一年4~5月离开母豹。

1999年的统计，中国有32个动物园饲养了69头华北豹。

波斯豹

波斯豹是众多豹亚种中体形较大的一个。它们皮毛较长，普通成年个体平均重约91千克，大的个体体重接近美洲豹。现在的野生波斯豹分布于伊朗东北部，土库曼的Kopet Dagh 地区在和阿富汗东北部山区，人为干扰，偷猎，森林野火等严重威胁了波斯豹的生存。由于野生波斯豹濒临灭绝，IUCN把这个亚种列如了保护名录。过去欧洲各动物园有200只波斯豹被展出，而1999年有155头豹子饲养在72个动物园，几乎都在欧洲。在北美动物园至少有10头豹子赡养在8个动物园；在野外，波斯豹已经难得一见了。目前动物园里的波斯豹都是10只野生波斯豹，这些野生波斯豹分别来自伊朗和阿富汗的野外。

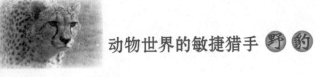
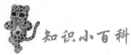
知识小百科

追风豹的传说

风族，是江湖里最神秘的一个部落。

风族人，很少在江湖上出没，他们有着自己不为人知的领地，过着与世隔绝的生活，试图寻找风族的中原人，要么一无所获，要么一去就再也没有回来过。

虽然人人都知道，风族人，就生活在南林里，但是即使是南林的土著——兽族人，也很少有机会发现风族人。

也难怪，南林实在是太大了。中原最好的猎人，也在南林里迷了路，靠着多年积累的野外生存的本事，在南林里整整走了三年，才终于走了出来，可是要他回忆走过的路，他却再也想不起来了，只是不断重复地说："太大了，太大了！"

不过也幸亏是这个误闯进南林的猎人，就真的遇到了传说中的风族人。因为风族人把他从一头豹子的口中救了下来。他在南林的三年里，有两年多是跟风族人在一起生活。根据他的描述，风族人的故事，

才从传说成为现实，并在整个江湖里流传了开来。

原来风族人最擅长的，是奔跑，这个种族奔跑的速度，简直就跟风一样的快。两年多的时间里，风族人一直在帮着猎人寻找重返中原的路，可是整整找了两年多，才终于找到南林的出口。猎人这才知道，南林大到什么程度，如果不是风族人的速度，恐怕同样的找法走同样多的路，自己需要四年多。在

这两年多的生活里，早就听过风族传说的猎人，也逐渐想明白了一个道理：为什么以前中原人，一直找不到风族人。其实一是南林的大，一进来就可能迷路，在没找到风族人前就可能死在毒蛇猛兽的嘴里了；二是风族人的速度，如果不是他们主动找你的话，你即使发现了他们也根本

追不上。风族人之所以帮助猎人，是因为猎人给了他们更大的帮助。猎人凭借自己多年的猎豹经验，帮他们找到了他们梦寐以求的那种豹子。虽然这种豹子猎人只发现了一头，但他至今还能回忆起他跟所有的风族人一起猎捕这头豹时的情景：那是怎样的一头豹子啊！当猛烈的飓风呼啸之时，它竟然喜欢顺着狂风不停的奔跑，似乎相信自己能够追逐上风的脚步。修长而近乎流线型的身材，是速度和力量的完美结合，好似一颗金黄色的流星划过天空。猎人看见它的第一眼，就被深深地打动了。

风族的人齐心合力，终于抓到了这头豹子。猎人这才知道，抓住这种豹子，竟然是风族人世世代代的使命。因为风族人的速度就是为了抓这种豹子而磨练出来的，而这种豹子，竟然是南林里，唯一一种速度能超过风族人的生物！风族人世世代代都在猎取这种豹子并驯养它们成为坐骑，而这种豹子的名字就叫——追风豹！

美洲豹

美洲豹又叫美洲虎，其实它既不是虎，也不是豹，而是生活在美洲的一种食肉动物。它身上的花纹比较像豹，但整个身体的形状又更接近于虎，体型大小介于虎和豹之间，是美洲大陆上最大的猫科动物。虽然美洲豹不是豹，但是由于其名称中有豹，人们通常是将其看做是豹，因此，本章还是需要介绍一下美洲豹，

但是需要记住的就是，美洲豹它不是豹。

◆ 形态特征

美洲豹体长为112～185厘米，尾长45～75厘米，体重65～130千克。与豹相比，美洲豹头的比例较大、脸较宽、前胸较粗、身体肥厚、肌肉丰满、四

范围较大，生活环境也十分复杂，以热带雨林为主，也包括其他区域，如南美洲南部的无树草原、灌丛和沼泽，墨西哥和美国西南部的半荒漠地带和干旱的多石山区等，特别是亚马孙河流域一带，因为这一地区至今还保存着地球上最大、最完整的热带雨林，面积约为100万平方千米，成为美洲豹最为理想的自然生境。

肢粗短，身上的花纹美丽，黑色圆形环圈较大，而且圆环中一般都有一个或数个黑色的斑点，由于是圆环而不是条纹，所以很容易与虎相区别，但它的圆环又与豹的较小而环内中空的环纹显著不同，细看时不难分辨。尾巴显著地短于豹尾，仅略长于身长的1/3。美洲豹在头上和四肢上的花斑为黑色的斑点，毛色同豹差不多，全身呈金黄色至桔黄色，但偶而也能见到极少数黑色或白色的变种。

美洲豹性情猛烈，力气很大，是美洲大陆的"兽中之王"，喜欢单独生活，白天一般隐藏在林中休息、睡觉，夜间或

◆ 生活习性

美洲豹不仅分布

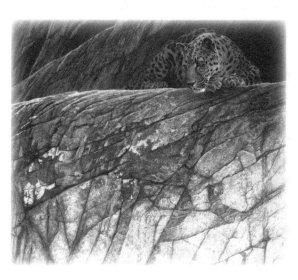

傍晚才出来活动、觅食。美洲豹在许多方面要比狮、虎、豹等猫科动物的本领还要大，可以称得上是食肉动物中的"全能运动健将"。

它善于攀缘、爬树，能捕捉树上的猴类和鸟类，也善于游泳，而且特别喜欢水，通常在河流或水塘的附近活动，甚至堪称为半水生动物。当它在水中活动时，比其他任何一种大型猫科动物都更为自如，更为潇洒。

◆ 食 性

美洲豹食性来源广泛，他们吃一切能捕到的动物，包括龟类、鱼、短吻鳄、灵长类、鹿类、西猯、貘、犰狳以及两栖动物等。自然界中的北部使动物减少时，它们也会袭击家畜。

美洲豹咬力惊人，它们不同于大多数猫科动物那样善于咬断猎物的喉咙，它们能用强有力的下颚和牙齿直接咬破动物坚硬的头盖骨，甚至海龟坚硬的外壳。美洲豹也吃龟蛋、蛇蛋等。

美洲豹是游泳健将，它们甚

至能浅水数分钟来追逐鱼类。有的美洲虎也攻击人类，但是美洲虎不象狮虎豹有一种发展成吃人的习惯性趋势。

◆ 分布范围

美洲豹居住于南美洲的热带雨林和稀树草原，主要在巴西、阿根廷、哥斯达黎加、巴拉圭、巴拿马、萨尔瓦多、乌拉圭、危地马拉、秘鲁、哥伦比亚、玻利维亚、委内瑞拉、苏里南和法属圭亚那。

美洲豹以前也分布于美国南部的德克萨斯、亚利桑那等地区，但现在已经退出那片干旱的领地，美洲狮已经在那里取代了美洲虎的地位。美洲虎更适应于炎热潮湿稠密的低地热带雨林。

◆ 繁 殖

美洲豹没有固定的繁殖期，一般多在初春发情交配。雌兽一般每隔一年或更长的时间才生育一次，怀孕期约为100～110天，每胎产2～4个。幼仔出生6周后

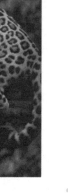

意着幼仔的发育情况，经常同它们做游戏，这样也能够帮助雌兽了解幼仔力量的增长和独立能力的提高等情况。当雌兽认为幼仔已经具备了一定的能力，便开始放手让它们自由活动了。美洲豹的寿命约为22年。

便会随雌兽出外狩猎，一年半以后才离开雌兽，3～4岁性成熟，但要到5年左右才能完全长成。在幼仔尚未成年的大部分时间里，随时都会受到雌兽的严密保护和悉心指导。

对幼仔的教育是一个煞费苦心的过程，雌兽首先教它们经常洗澡，这样有助于它们习惯在水中活动，增强它们的能力和肌肉弹性。还要教会它们游泳并在水中站稳，让它们了解水下光线折射的现象。雌兽总是十分精心地注

◆ 进化过程

美洲豹虽然和豹长得很像，但头部显得较大，尾巴较短，特别是眼窝内侧有肿瘤状突起为其主要的特征，这个肿瘤状突起是豹、虎和狮等其他豹属动物所没

美丽的天神，直到今天还受到人们的敬畏，这对美洲豹的保护起到了积极的作用。南美洲的印地安人还总是把美洲豹描绘成能够在智慧上和争斗中战胜所有对手的动物，但是在与人的较量中它却总是处于劣势。

美洲豹皮毛上美丽的颜色和花纹是一种很好的保护色，也使它成为一种价值昂贵的毛皮兽，被人们用来制做各种服装等，价值大约略与豹皮相等。由于现代文明的冲击，人类不断开发森林，垦为农田，使自然生态环境遭到大规模的破坏，夺去了美洲豹赖以生存的环境，缩小了栖息地；而且人们为了得到它那漂亮的毛皮，运往北美洲的交易市

有的。

美洲豹的祖先是在距今约300万至1万年的更新世前期至中期时生存于亚洲的一种四肢细长的大型猫科动物，后来经白令海的陆桥分散到北美洲大陆各地，然后再进入南美洲。但随着时代的变迁，其体形变小，四肢变短，成为现在的美洲豹。

◆ 种群现状

美洲豹为珍贵的观赏动物之一。在南美洲，很多国家和地区的人民，尤其是托尔铁克人、玛亚人以及阿兰特克人等奉为

野

豹

场，而进行了疯狂的大规模偷猎活动，尤其是在一些边远地区。

据统计，在1968至1970年内，就有31105张美洲豹的皮张运至美国各大城市出售，这种情况虽然引起了有关部门和野生动物的专家们的强烈反对，但偷猎和走私活动一直没有被有效地制止。因此，美洲豹的野外数量在最近几十年中急剧减少。在《濒危野生动植物种国际贸易公约》中，美洲豹被列入附录II。此外，产地的巴西等国政府也都已经建立了保护美洲豹的有关法律。

纪70年代起，猎取美洲豹皮毛的现象已经大大减少。

阿根廷、巴西、哥伦比亚、法属圭亚那、洪都拉斯、尼加拉瓜、巴拿马、巴拉

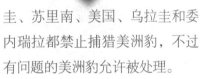

圭、苏里南、美国、乌拉圭和委内瑞拉都禁止捕猎美洲豹，不过有问题的美洲豹允许被处理。

玻利维亚允许捕杀他们并作为奖品，在厄瓜多尔和圭亚那美洲豹没有受到任何保护。

美洲豹被IUCN列为近危物种，其主要面临的威胁是栖息地范围的缩小。南美大多数国家都严格禁止捕猎美洲豹。

◆ 濒危原因

美洲豹的主要威胁来自于森林砍伐和偷猎，没有树木遮盖的美洲豹如果被发现，会被立即击毙。农场主为了保护家畜也经常杀死美洲豹，当地人也经常和美洲虎争夺被捕获的猎物。从20世

 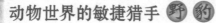

豹死留皮，人死留名

释义：豹死了留下珍贵的皮毛，人死了要留下美名。比喻人辞世后留下像豹皮般珍贵的好名声

出处：宋·欧阳修《五代史记·王彦章传》

五代时期，后唐与后梁交战，后唐兵临城下，喊杀声震天动地，后梁政权岌岌可危，后梁帝授命王彦章出城退敌。

王彦章手下只有100多人的卫兵，显然不是后唐兵的对手。战斗不久，只剩下王彦章一人还在跃马挥戈，奋战杀敌。他身上已多处受伤，鲜血染红了战袍，但仍然毫不退缩，愈战愈猛。后唐将军夏鲁奇喊了一声他的名字，王彦章听了顿时一愣。就在此时，被敌人刺中胸膛，当即滚下马背，不幸被俘。

夏鲁奇十分敬重王彦章，多次劝他投降，但都遭到他的严辞拒绝。他是武士，目不识丁，但他却说："豹死留皮，人死留名。我怎么能做没气节的事呢？"

后唐皇帝庄宗李存勖也怜爱王彦章的骁勇刚直，有意保全他的性命，但他谢绝说："哪有早上还是奉梁国，而晚上就改换门庭侍奉起唐国的道理？要是投降了，我还有什么面目见人呢？"

豹子的异类
—海豹

4

豹家族有很多，前面一章介绍了很多不同的豹，相信大家对豹家族的成员有了大致的了解，也为庞大的豹家族惊叹吧！然而，豹家族不仅仅只有上一章提到那些成员，它还有一个十分珍贵的异类，那就是——海豹。

　　海豹，顾名思义是生活在海中的豹。海豹是对鳍足亚目种海豹科动物的统称，它们体粗圆呈纺锤形，体重20～30千克。全身披短毛，背部蓝灰色，腹部乳黄色，带有蓝黑色斑点。头近圆形，眼大而圆，无外耳廓，吻短而宽，上唇触须长而粗硬，呈念珠状。四肢均具5趾，趾间有蹼，形成鳍状肢，具锋利爪。后鳍肢大，向后延伸，尾短小而扁平。毛色随年龄变化：幼兽色深，成兽色浅。海豹是肉食性海洋动物，哺乳动物。它们的身体呈流线型，四肢变为鳍状，适于游泳。

　　海豹的分布遍布整个地球海域，但是以南极沿岸数量最多。常见的海豹有：斑海豹、琴海豹、冠海豹等等。

　　本章主要通过海豹的分类、生活习性、经济价值等来介绍海豹，通过本章的阅读，对海豹有一个大致的了解。

海豹科

海豹科成员其身体都比较肥胖，皮下脂肪后，颈粗头圆，后肢和尾连在一起，永远向后，在陆地上只能借助身体的蠕动而匍匐先进，非常笨拙，但是在水下则相当灵活，且善于深潜，可以潜入数百米的深处。海豹科成员大体可以分成北方和南方两个类群，二者可分置于海豹亚科和僧海豹亚科，海豹亚科分布基本限于北半球，而僧海豹亚科除了南半球以外，在北半球的南部也能见到。北方海豹体型通常较小，体长不超过2米，主要集中于北冰洋海域，在北温带各个海域也能见到。北方海豹中人们最熟悉的是分布于北大西洋和

北太平洋的斑海豹（港海豹）和大齿斑海豹，后者可见于我国黄渤海一带。北方海豹中比较特殊的是贝加尔海豹，分布于贝加尔湖，是仅有的淡水海豹，其究竟如何到达那里尚不得而知。另外

一种分布于湖泊中的海豹是分布于世界最大的咸水湖里海中的里海海豹，可能是里海尚未成为湖泊时来到这里的。南方海豹体型通常较大，其中体型最大的南象海豹雄性体重可达3吨左右，是鳍脚类也是食肉类中体型最大的成员。

南象海豹分布于南极和亚南极一带，另有一种北象海豹分布于北美洲西海岸，和南象海豹分布区相差甚远，但二者非常相似。象海豹不仅体型巨大，而且有可以伸缩的鼻子，与象颇有些类似，象海豹有时候也称海象，容易和海象科的海象混淆。南方海豹中分布于北半球的成员还有几种僧海豹，包括地中海僧海豹、夏威夷僧海豹和加勒比僧海豹（西印度僧海豹）三种，是适应温暖海域的海豹，如今数量已

经非常稀少，其中加勒比僧海豹已经灭绝。南方海豹中最特殊的是南温带至南极海域的豹海豹，豹海豹是仅有的以温血动物为主食的海豹，嘴很大，游泳迅速，捕食各种海鸟和其它海兽。豹海豹与其它海豹不同，主要用前肢来划水，而不是用后肢。食蟹海豹是豹海豹的近亲，二者的体型和分布范围均相似，但习性相差较远。食蟹海豹并非食蟹，而是以南方海域大量出现的磷虾为食，磷虾为南方海域的动物提供了丰富的食物，食蟹海豹也是数量最多的海豹之一。还有一种海豹叫毛皮海豹，因皮肤很毛糙而得名。

海豹概述

海豹是肉食性海洋哺乳动物，身体呈流线型，四肢变为鳍状，适于游泳。海豹有一层厚的皮下脂肪保暖，并提供食物储备，产生浮力。海豹大部分时间栖息在海中，脱毛、繁殖时才到陆地或冰块上生活。海豹分布于全世界，在寒冷的两极海域特别多，食物以鱼和贝类为主。海狮、海象是海豹的近亲，它们有耳壳，后肢能转向前方来支持身体。

海豹的前脚较后脚为短，覆有毛的鳍脚皆有指甲，指甲为5趾。耳朵变得极小或退化成只剩下两个洞，游泳时可自由开闭。游泳时大都靠后脚，但后脚不能向前弯曲，脚跟已退化与海狮及海狗等

相异，不能行走，所以当它在陆地上行走时，总是拖着累赘的后肢，将身体弯曲爬行，并在地面上留下一行扭曲的痕迹。海豹主要分布在北极、南极周围附近及温带或热带海洋中，目前所知10属，19种。海豹分布于全世界，在寒冷的两极海域都有，南极海豹生活在南极冰源，由于数量较少。南极海豹已被列为国际保护动物。

动物世界的敏捷猎手 野 豹

寓言故事诗

狮与豹

故事发生在远古的时候，
狮子和豹子长期争斗，
为了森林、丛莽和洞穴征战不息。
秉公断案——这不合它们的脾气；
强者嘛，总是无视公理。
它们有一条规矩：
打得赢的就有理。
可是总不能老打个不停——
爪子都快要磨平：
英雄们决心按理把是非弄清；
打算把军务了断，
将所有的纠纷作个清算，
然后照例是缔结永久的和约，
直到下一次开战。

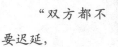

"双方都不要迟延，
各派个秘书来和谈，"
豹子对狮子这样发表意见说：
"就照秘书们理智的判断去办。
这事儿我派的是猫，
小家伙外表平常，良心可干净得没挑。
你最好派驴，它官居高位，
我顺便对你吹吹，
你这条牲口是多么宝贵！
请相信我吧，你整个的宫廷和议会
未必比得上半个驴蹄的分量。
它和猫儿一安排，我们就有了指望。"
狮子肯定了豹子的想法，
这没有问题；
只不过没有派驴做代表，
派的是狐狸。
见过世面的狮子自言自语地说道：
"受敌人夸奖的家伙准定是一块废料！"

海豹分类

全球海豹共有18种，北极地区有7种，南极地区有4种。但在数量上，北极海豹不如南极多。世界上所有海豹身饮均呈纺锤形，适于游泳，头部圆圆的，貌似家犬。

目前，在世界海洋中，现存的海豹种类很多，共有13属18种。以南极数量最多，其次是北冰洋、北大西洋、北太平洋等地，具体分为以下几属：

（1）斑海豹属

斑海豹体长1.5～2米，雄性

最大体重150千克，雌性120千克。斑海豹分布很广，主要是北半球的高纬度地区，在我国主要分布于渤海和黄海。它们主要捕食鱼类，也吃头足类和甲壳类动物。

（2）髯海豹属

髯海豹又叫胡子海豹，因其吻部密生长而粗硬的胡须而得名。最长的胡须长14厘米，上唇每侧约有106根胡须。雄性体长2.8米，雌性体长2.6米，平均体重400千克。全身棕灰色或灰褐色、背部中央线颜色最深，向腹部渐浅，无斑纹。

髯海豹主要分布于北冰洋、北大西洋、北太平洋，不分布于南半球。1972年，在我国浙江省平阳县海域曾捕获一头体长176

厘米，体重71千克的雄兽。

髯海豹主要捕食底栖动物，如虾、蟹、软体动物以及鳎、鲽等底栖鱼类，但也捕食乌贼。

（3）灰海豹属

灰海豹雄性长约3米，重约300千克，雌体约2.3米，重250千克。雄性成兽的颈部很粗，并有3～4道皱纹，这是它和斑海豹的区别之一。灰海豹的分布很广，北冰洋和大西洋都有分布，现存数量约有2.5～5万头。

灰海豹的食性很广，但主要是鱼类。

（4）环斑海豹

环斑海豹属有：环斑海豹、贝加尔湖环斑海豹、里海环斑海豹。环斑海豹是所有海豹中，身

体最小的一种。大的雄兽长1.4米，体重90千克，面部像猫。

环斑海豹的食性相当广泛，从无脊柱动物到鱼类，总数超过75种。其主要天敌有白熊和极鲨。

环斑海豹主要分布在整个北冰洋、鄂霍茨克海、白令海、波罗的海、拉多加湖和贝加尔湖、里海。

（5）带纹海豹属

带纹海豹也属海豹中的小型种，雄性为暗灰蓝紫色或暗灰红紫色，围绕颈部有一条很宽的环状白带。雌兽全身淡色，基本呈深灰褐色或深棕灰色。带纹海豹仅栖息于北半球，主要分布于白令海及鄂霍茨克海，喜栖于浮冰上或远离人烟的海岛上，不成大群，食物主要是狭鳕和头足类。

（6）鞍纹海豹属

鞍纹海豹又叫格陵兰海豹，体长1.8米左右，体重180千克。全身白色或棕灰色，从背部两肩

威德尔海豹喜栖于与南极大陆相联的固定冰上，是哺乳动物中分布最南的种，也是南极比较常见的海豹。它们的潜水能力很强，可潜入600多米的深处，持续43分钟，潜水能力居鳍脚勒动物之冠。它们以捕食鱼类（杜父鱼）和乌贼为生。

（9）罗斯海豹属

罗斯海豹是南极海豹中数量最少的一种。其颈部很粗，收缩时颈部皮肤可以形成很大的皱褶，头能缩进去，几乎完全藏在颈褶中，它还能发出似鸟叫的声音。其主要分布于南极大陆周围的浮冰带附近。

（10）豹型海豹

处斜向尾部有一"∧"型黑色带，形状颇似鞍故名鞍纹海豹。

鞍纹海豹仅分布于北极海域的俄罗斯北侧、格陵兰周围以及加拿大和纽芬兰北侧，主要捕食鱼类、甲壳类和软体动物。

（7）僧海豹属

僧海豹头部很圆，且有细密的短毛，看上去宛如和尚头，故名僧海豹。该种海豹已成为一种极稀少的动物只限于分布在北纬20°～30°的夏威夷群岛的下风链岛、加勒比海、黑海。但遗憾的是，加勒比海僧海豹被证实已经灭绝，最后一次见到的时间是1958年。

（8）威德尔海豹属

豹海豹不仅具有豹一样的斑点而且性情上也像豹，是海豹中最凶残的一种。它除捕食鱼类和乌贼外，还专吃恒温动物，也吃企鹅等鸟类，甚至鲸等其他海豹。从南极洲的浮冰线到澳大利亚、新西兰、南美、非洲最南部及附近岛屿都有分布。

（11）冠海豹属

冠海豹当遇到恐吓或兴奋时，鼻子吻部前面可以膨胀成囊状突起，所以人们又其为囊鼻海豹。

冠海豹主要分布在北大西洋和北极海域，主要食物为鱼类。

（12）象形海豹属

象形海豹是海豹科中最大的类型，其突出特点是雄兽鼻子，在兴奋或发怒时可膨胀。本属包括南方象型海豹和北方象海豹。其最大体长可达6.5米，体重3600千克，是整个鳍脚目中个体最大的动物。

（13）食蟹海豹属

食蟹海豹主要以磷虾为食，食性与须鲸相似。喜群居，在冰上活动灵巧而迅速，主要分布于南极大陆周围，也属南极沿岸的特有动物。

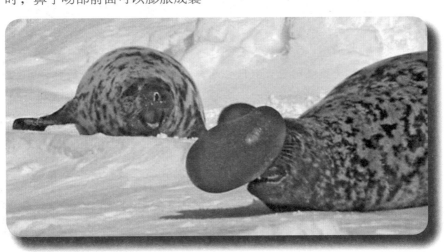

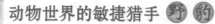
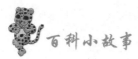百科小故事

美洲豹与鳄鱼

美洲豹是力量和速度的象征，上帝赋予了它非凡的狩猎能力，在这方面它比号称百兽之王的狮子更为优秀，它看中的那猎物，很少能逃过它的利爪，因此它才获得了这个美名。当然了，即使是如此优秀的猎手，也无法做到每击必中，上帝也不可能这么安排，不然对其他动物就太不公平了。也就是说，美洲豹也有失手的时候，而且跟所有具有捕猎能力的动物一样，它失手的时候比成功的时候要多。

这本来是很平常的事，美洲豹应该能够坦然地接受这个事实，就像接受世上有可口的食物，也有不可口的食物那样。然而事实却是，如果它连续七次出击未能成功，它就会死掉。而造成他七次未获成功就会死去的原因，除了体力的消耗，最大的原因是它心灵上所受的打击，是巨大的沮丧和失落。其实，它是被自己"气"死的。

跟美洲豹一样，鳄鱼这位猎手也是失败多于成功，有时候甚至一年半载都得不到食物。但它非常坦然地接受了这个残酷的现实，毫不气馁，不以物喜、不以己悲，以异乎寻常的平常心态，养精蓄锐、励精图治、耐心地等待下一个机会，因为它明白，属于它的饥会总会来临，只是时间早晚的问题。于是，下一次饥会终于来临时，它又是一条好汉，它一跃而起，毫不迟疑地去捕捉也许瞬间即逝的机会，它也许仍然不会成功，但它努力过了，它用它的力量，证明了它还是能够经受任何打击的强者。

真正的强者，不在他是否成功，而在于他得失皆静。

心中没有阳光的人，势必难以发现阳光的灿烂！心中没有花香的人，也势必难以发现花朵的明媚！"不管风吹浪打，胜似闲庭信步"。鳄鱼其实是人类最好的榜样。

海豹的生活习性

海豹生活在寒温带海洋中，除产仔、休息和换毛季节需到冰上、沙滩或岩礁上之外，其余时间都在海中游泳、取食或嬉戏。繁殖期不集群，仔兽出生后，组成家庭群，哺乳期过后，家庭群结束。在冰上产仔，当冰融化之后，幼兽才开始独立在水中生活。少数繁殖期推后的个体则不得不在沿岸的沙滩上产仔。以鱼类为主要食物，也食甲壳类及头足类。

海豹是鳍足类中分布最广的一类动物，从南极到北极，从海水到淡水湖泊，都有海豹的足迹。南极海豹数量为最多，其次是北冰洋、北大西洋、北太平洋等地。海豹是鳍足类中的一个大家族，全世界共有19种。其中有鼻子能膨胀的象海豹；头形似和尚的僧海豹；身披白色带纹的带纹海豹；体色斑驳的斑海豹；雄兽头上具有鸡冠状黑皮

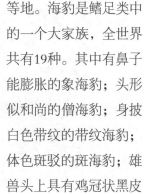

野

豹

囊的冠海豹。海豹的身体不大，仅有1.5～2.0米长，最大的个体重150千克，雌兽略小，重约120千克。世界上所有海豹身饮均呈纺锤形，适于游泳，头部圆圆的，貌似家犬。

海豹若加以训练，还会表演玩球等节目。海豹身体浑圆，形如纺锤，体色斑驳，毛被稀疏，皮下脂肪很厚，显得膘肥体胖。两只后脚恒向后伸，犹如潜水员的两只脚蹼。游起泳来，两脚在水中左右摆动，推动身体迅速前进。从海豹的头部看，貌似家犬，因而不少地区称其为海狗。有时它爬到礁石上，这时它的动作就显得格外笨拙，善于游泳的四肢只能起支撑作用。海豹爬行的动作非常有趣，因此常引起观

者的朗朗笑声。

在自然条件下，海豹有时在海里游荡，有时上岸休息。上岸时多选择海水涨潮能淹没的内湾沙洲和岸边的岩礁。例如，在我国的辽宁盘山河口及山东庙岛群岛等地都屡见有大群海豹出没。海豹的游泳本领很强，速度可达每小时27千米，同时又善潜水，一般可潜100米左右，南极海域中的威德尔海豹则能潜到600多米深，持续43分钟。海豹主要捕食各种鱼类和头足类，有时也吃甲壳类。它的食量很大，一头60～70千克重的海豹，一天要吃7～8千克鱼。

海豹社会实行"一夫多妻"制。在发情期，雄海豹便开始追逐雌海豹，一只雌海豹后面往往跟着数只雄海豹，但雌海豹只能从雄海豹中挑选一只。因此，雄海豹之间不可避免地要发生争斗，狂暴的海豹彼此给予猛烈的伤害：用牙齿狠咬对方有些雄海豹的毛皮便因此而撕破，鲜血直流。战斗结束，胜利者更和母海豹一起下水，在水中交配。

海豹的经济价值

海豹的经济价值极高，海豹它全身都是宝。其自身肉质味道鲜美，且具丰富的营养；皮质坚韧，可以用来制作衣服、鞋、帽等来抵御严寒；脂肪可用来提炼工业用油；雄海豹的睾丸、阴茎、精索是极其贵重的药材，俗称海狗肾，与其他药物一起配制而成的中药，具健脑补肾、生精补血和壮阳的特殊功效；肠是制作琴弦的上等材料；肝富有维生素，是价值极高的滋补品；牙齿可制作精美的工艺品。正因为如此，海豹遭到了严重的捕杀。特别是美国、英国、挪威、加拿大等国每年派众多的装备精良的捕海豹船在海上大肆掠捕，许多海豹，特别是格陵兰海豹和冠海豹的数量减少得特别多。海豹除了这些本身作用外，还有海豹的油经济价值极高。

海豹油的主要原料有海豹油、明胶、甘油。O-power海豹油含有丰富和全面的对人类健康至关重要的Omega-3多碳不饱和脂肪酸，其所含成分和功效主要有丰富的EPA（二十碳五烯酸），被誉为"血管清道夫"，具有防止血管硬化和心脏血管栓塞、降低高血压和胆固醇、抑制血小板凝集等作用，使用冠状动脉硬化、血栓塞、脑中风、脑溢血、脑血管障碍、高脂固醇、高血脂、血管、加速微循环等保健功能。海豹油是目前世界上人类所需要的Omega-3多碳不饱和脂肪酸的最好来源，是21世纪人类最佳天然高级滋补品。

那么，为什么需要服食海豹油？长链多碳不饱和脂肪酸是对预防心血管疾病、抗癌、抗炎症、抗衰老等方面有显著的效果。海豹油在人体消化过程中与胰脂肪酸起作用，所以海豹油能被人体充分地吸收。O-power纯天然北极竖琴海豹胶囊获得加拿大政府的《出口食品生产许可证》，内含丰富的Omega-3能直接被人体小肠吸收，不需经肝脏分解，无任何毒副作用，长期服用不损肝肾，真正做到降脂不伤肝，是现代最尖端科技与最优质的北极竖琴海豹的完美结晶。美国联邦实验生物学研究院（FASEB）警告为了维持最佳健康的体魄及延长寿命，每人每日应食用适量比例的Omega-3至少

1～2克，而现在人们每日从食物中的摄取量仅为0.3～0.5克，低于标准的50%以上。

（1）海豹油的作用

长期以来，世界医学界就发现生活在北极附近的爱斯基摩人，很少患有心脑血管、高血压和癌症等疾病。到了20世纪70年代，加拿大一些医学博士经研究得出结论，爱斯基摩人饮食主要是海豹油、海豹肉及鱼类等，由于这些食品中含有丰富的OMEGA-3不饱和脂肪酸，所以才未导致他们罹患现代人的这些"文明病"。

（2）海豹油的成分

海豹油是从海豹脂肪组织提取的一种富含OMEGA-3不饱和脂肪酸的珍贵营养滋补品。海豹油中含有大约20%～25%的OMEGA-3不饱和脂肪酸，其含量为自然界中动物之最。同时，在海豹油中含有一定量的角鲨烯和维生素E。

海豹油是人类汲取北极生命精华，改善微循环系统及加强防御免疫系统最天然最天然最高营养价值的海洋生物制品。提取

自加拿大北极竖琴海豹的海豹油，主要成份为 OMEGA-3不饱和脂肪酸、角鲨稀及维他命E。OMEGA-3的功效早已被医学界所肯定，具有净化血液、平衡血压、修补血管、增强身体抵抗力等保健作用。而海豹油中OMEGA-3含量为自然界动物中之冠，远远超出一般鱼油的含量。此外，海豹油并含有2%～3%的角鲨稀，能有效保护肌肤，同时有效抑制人体吸收食物释放的不良胆固醇以及加速其新陈代谢。

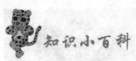 知识小百科

海豹价值的发现

　　20世纪70年代初，科学家们发现居住在北极圈附近的爱斯基摩人，虽然他们食用了大量的饱和脂肪酸及胆固醇（于其他人群相比，高出2倍以上）而他们备注中的极低密度脂蛋白（VLDL）和胆固醇的含量却很低，并且他们的心脑血管、高血压和癌症的患病率也非常低，原因是爱斯基摩人在日常生活中经常食用北极竖琴海豹脂肪！

　　随着现代文明的进步，人们完全改变了欲食内容，由原味野味、野菜和捕杀等获取的Omega-3长链多碳不饱和脂肪酸急剧减少，在人工种植和饲养的农畜产品中，Onega-3含量极低，与此同时又大量食用含Omega-6很高的植物油，进一步促使人体Ω-6和Ω-3由原有的1：1比例突然到30：1。加上工作紧张和压力，病菌的侵蚀等加深了体内这两个不饱和脂肪酸的不平衡，这样和整个机体细胞功能无法正常运转，最后会导致如心血管、呼吸消化道和免疫功能下降，并容易诱发细胞和组织癌变，对儿童来说，这种严重不平衡，可造成大脑及整个神经系统的发育不良。

　　世界卫生组织认为，应该把现代人体的Ω-6和Ω-3的比例由目前的30：1降到4：1或至少降到10：1，最有效的补偿办法是直接补充

EPA、DPA高的营养物，而海豹皮下脂肪中不但含有大师的EPA和DHA还含有DPA，三种不饱和脂肪酸在海豹中含量高达25%左右，因此，北极竖琴海豹油是最有效补充Omega-3的营养品。

豹文化

5

从前面的介绍，我们知道了豹是一种十分完美的动物。虽然豹子在人们心中的地位没有虎、狮、凤凰等高，但是从古至今，中国人对豹子也是十分钟爱的，很多的地方都会用豹子的名字。

中国人常常把豹子看成是胆大、勇猛的象征。在我国四大名著的《水浒传》中，就有一个非常重要的人物林冲，他在梁山英雄中排行第六，他的外号就与豹子挂上了钩，叫豹子头。用"豹子头"这样的外号就是用来赞扬他的勇猛和大胆。中国很多地方把豹子视为吉祥如意的象征，把豹子的画挂在民宅中以辟邪；中国嵩山少林寺的著名拳术之一的豹拳就是吸收了豹子勇猛善战的特点而创作的。民俗中、中国的传统文化中、中国的传统功夫等方面都有涉及到豹子。

豹子在我国的传统文化各个方面都有很多体现，本章主要通过介绍与豹有关的文化、民俗等，通过本章的阅读，可以发现很多人们对豹子的喜爱程度。

文学名著中的"豹子"

《水浒传》又名《忠义水浒传》，一般简称《水浒》，作于元末明初，是中国历史上第一部用白话文写成的章回小说，是中国四大名著之一。

《水浒传》是一部以传奇的笔法描写一批当时处于社会边缘人物为了有尊严地生存而不断奋斗、成功与失败的一部生存史，对黑暗的、混乱的主流社会的一种反抗史。《水浒传》要歌颂的

是那些敢于造反、敢于追逐自己利益，为此敢于到处杀人放火的处于社会边缘的"造反英雄"。其最终写作目的主要有三个方面：

（1）迎合小市民的趣味；

（2）发泄一下小知识分子对当时社会的不满和塑造美好社会的良好愿望；

（3）歌颂了那些处于主流社会边缘地位的流民阶级的

"忠""义"品德。

《水浒传》塑造了108个英雄形象，每个英雄都完全不同，都有自己的性格特征。其中就有描述了一个与豹有关的英雄——"豹子头"林冲。

《水浒传》中的"豹子头"林冲，在梁山英雄中排行第六，马军五虎将第二。早年是东京八十万禁军枪棒教头。因他的妻子被高俅儿子高衙内调戏，自己又被高俅陷害，在发配沧州时，幸亏鲁智深在野猪林相救，才保住性命。他被发配沧州牢城看守天王堂草料场时，又遭高俅心腹陆谦放火暗算。林冲杀了陆谦，冒着风雪连夜投奔梁山泊，为白衣秀士王伦不容。晁盖、吴用劫了生辰纲上梁山后，王伦不容这些英雄，林冲一气之下杀了王伦，把晁盖推上了梁山首领之位。林冲武艺高强，打了许多胜仗。在征讨江浙一带方腊率领的起义军胜利后，林冲得了中风，被迫留在杭州六和寺养病，由武松照顾，半年后病故。

林冲是《水浒传》中的重要人物，他从一个安分守己的禁军教头当了"强盗"，从温暖的小康之家走上梁山聚义厅，林冲走过了一条艰苦险恶的人生道路。

"豹子头"林冲这个人物家喻户晓，他的故事广为流传。有"豹子头"这样的绰号，与其性格有很大的关系。

"豹子头"林冲生活的北宋末年，这是一个积贫积弱的朝代，国土面积偏小，四周有强敌侵扰，国内社会动荡，烽火四起，民不聊生。面对国家的危难，以王安石为代表的有志之士想通过变法来改善国家的困境，由于政治腐败，奸臣当道，变法惨遭失败。封建统治者便变本加厉地盘剥人民。宋朝天子宋徽宗腐化不堪，不务正业，为了粉饰太平，大兴土木，建明堂、修道观、造假山，征发役，国力耗尽，人民苦不堪言。宋徽宗从江南征集奇花异石，用大船运往京城，花石纲使无数家庭倾家荡产。宋徽宗成天歌舞游荡，贪图玩乐享受，生活糜奢，夜宿娼门。他远贤人，近小人，重用蔡京、高俅等人。这些奸臣在皇帝的支持下，放纵亲朋，鱼肉百

姓，在朝中狼狈为奸，翻云覆雨，败坏朝政，残害忠良，把国家推向灭亡的边沿。林冲生活在这个腥风血雨的朝代里，成为官场腐败的牺牲品。

"豹子头"林冲出身枪棒师家庭，他属于统治阶级的一员，过着安分守己的小康生活。然而，一个偶然的机会，改变了他的人生命运。林冲的女人偏偏被高衙内看中，由于他是封建统治者中的底层官员，难以保护自己。高俅父子似虎狼，为达到霸人妻室的目的，不惜一切手段，甚至要人性命。林冲再三忍让也不罢手，非把他置于死地不可，于是，一连串的打击倾泻到林冲头上。

"豹子头"林冲上山经历了一个十分痛苦的曲折历程。作家写林冲的故事并不是一笔完成的，而是由远及近，一步步走来，整个故事围绕人物的命运展开，首尾相连，步步紧跟，变化多样，惊险迭出，引人入胜。

"豹子头"林冲出场是陪夫人到岳庙进香，这是一个人群杂乱的地方，他当时跑到大相寺的菜园子看鲁智打拳来了。书中是这描写他的模样：只见墙缺边立着一个官人，头戴一顶青纱抓留儿头巾，脑后两个白玉圈连珠鬓环，身穿一领单绿罗团花战袍，腰系一条双獭尾龟背银带，穿一双磕爪头朝样靴，手中执一把折叠纸西川扇子，生得豹头环眼，燕领虎须，八尺长短身材，三十四五的年纪。林冲这个打扮

动物世界的敏捷猎手 野 豹

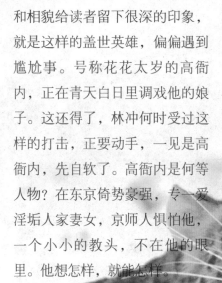

和相貌给读者留下很深的印象，就是这样的盖世英雄，偏偏遇到尴尬事。号称花花太岁的高衙内，正在青天白日里调戏他的娘子。这还得了，林冲何时受过这样的打击，正要动手，一见是高衙内，先自软了。高衙内是何等人物？在东京倚势豪强，专一爱淫垢人家妻女，京师人惧怕他，一个小小的教头，不在他的眼里。他想怎样，就能怎样。

故事一开始，矛盾一出现，就提出一个决定林冲命运的大问题。如果林冲是贪生怕死、卑鄙屈膝的小人，他会用一纸休书把娘子抖手送给高衙内，可他恰恰不是这样一个人。他和高衙内的矛盾就不可调和，不能化解，无可救药，只能一步一步激化，达到高峰。作者在描写这一忠奸的矛盾时，直线上升，一气呵成。

陆谦是高衙内的一条咬人的走狗，他把林冲骗走吃喝，又叫人骗走白娘子，演了一场调虎离山计，幸亏女使及时报信，白娘子才免遭奸污。一计不成，又来一计。高俅这条老贼亲自出马，插圈设套，豹子头上当，误入白

虎堂，结果是充军沧州。在去沧州的路上，董超、薛霸这两个贼子受人银两，在野猪林要害林冲性命，多亏鲁智深搭救。到了沧州，高俅还是不放过林冲，又派陆谦前来，火烧草料场，要烧死林冲。林冲忍无可忍，打死了陆虞候等人，雪夜上梁山，故事到了顶点。

《水浒传》从七回到十一回的五回中，表现了"豹子头"林冲上梁山的全过程。在这五回中，林冲的曲曲折折、一涨一落、一张一弛，处处牵动读者的心，无不为林冲的命运担忧。林冲的每个故事都十分精彩，下面来看林冲和洪教头比武一节：林冲想到："柴大官人心里只要我赢他。"也横着棒，使个门户，吐个势，唤作"拔草寻蛇势"。洪教头喝一声："来、来、来！"便盖将下来。林冲往后一退，洪教头赶入一步，提起棒又复一棒下来。林冲看他脚步已乱，便把棒从地下一跳，洪教头措手不及，就在那一跳里，和身一转，那棒直扫着洪教头臁儿骨上，撇了棒，扑地倒了。这一段

描写十分简洁明了，形象地表现了"豹子头"林冲的武艺高强。

"豹子头"林冲是一个最令人同情的悲剧人物，他十分冤枉。作为东京八十万禁军教头，本应活得很好，天有不测风云，人有旦夕祸福，厄运来到他的头上。高衙内采上他的女人，紧接着便是拦路调戏，哄骗诱奸，栽赃，发配充军、暗杀。一连串的打击，都倾泻到他头上。开始林冲没有反抗，他不愿跟上司闹翻，更不想背叛朝廷，一味地退让、委曲求全，总想寻找一个避难所，继续过他教头平静的生活。林冲的退让是自然的，是由他自身的地位所决定的。他继承祖职，有一套祖传的处世哲学，屈人之下，忍辱负重。但是，林冲还有性格的另一面，他结交天下英雄豪杰，比如像柴进、鲁智深等，都是有正义感的人物，加上他对统治者有一定的认识，吐露出"男子汉空有一身本事，不遇明主，屈沉于小人之下，受这般窝囊气"的不满情绪。

"豹子头"林冲是一个自身充满矛盾的人，正义感和忍让在他身上同时表现得很强烈。高俅不杀人害命，置他死地，他是不会上梁山的。他的性格是在残酷的斗争中一步步发展起来的。火烧草料场，林冲的性格得到全面升华，发生质的飞跃。他看透了，绝望了，摆在他面前的只有一条生路，就是上梁山。

"豹子头"林冲上梁山经历了一个由忍让到绝望的过程，对统治者有清醒的认识。我们从以后章节里可以看到，在梁山这支队伍中，林冲有强烈的反抗精神，他不相信宋朝天子会真心招安，对招安提出反对意见。他认为招安不过是蔡京、高俅等奸臣设下的陷阱，招安凶多吉少。但，林冲的意见没为宋江所采纳。他恼恨、痛苦、无奈，最后默默地死去。

"豹子头"林冲的性格特征有深远的现实意义和历史意义，他使读者认识到了宋代"乱自上作，乱自下生"的历史事实。林冲这个人物形象是典型环境中形成的典型性格。封建统治阶级残酷剥削和压迫，遭到人民的反抗。从郑屠户一类的地痞流氓到陆谦一类的恶吏，以及梁中书一类的贪官，还有蔡京、高俅这些朝中奸臣和昏庸无能的宋徽宗，形成一个庞大的压迫阶级。官逼民反，各个阶层的受压迫者都揭竿而起，走向造反的道路。林冲是受压迫者中的一员，像他这样有一定身份和地位的人都如此下场，何况一般平民？所以出现方腊、宋江、王庆等农民起义军也是自然的，乱自下生的根源是乱自上作。

研究历史是为了今天。人们要以历史为镜，总结历史教训，不断化解社会矛盾，净化人们的生存环境。否则，也会出现"乱自上作，乱自下生"的局面。

写"豹子头"林冲思想性格转变的第十回"风雪山神庙"，林冲到了草料场后，小说有一系列细腻的描写："屋外下着大雪，他拿柴炭在地炉里生起火焰来。……想到过路的那座古庙可以安身，便锁上已倒的草屋门，搬了那条破絮被，到庙里去。"金圣叹在这里有一句精彩的批语，"只拿一条破絮被，到庙里去，说明过一夜第二天还要回

来。"林冲看到火起，他首先不是想到自己干系重大，而先想到要去救火。这一段情节不厌其详，写得非常细致，写得非常精彩。通过这一系列的行动、心理刻画，深入地揭示了林冲的内心世界：一个八十万禁军教头，平白无故地遭受迫害，被弄得妻离家破，沦为一种十分悲惨、艰难的境地，但是他还想力争平安地过安定日子，人物这种忍辱苟安的思想和他精细的性格，表现出来了。更重要的是，就这样一个人，终于也被逼得走投无路，不得不起来反抗了。同时通过小说对情节的描写，有力地揭露出封建统治阶级的罪恶，激起读者对林冲的同情，对高俅、高衙内、陆谦等人的罪恶行径的愤恨。

施耐庵写林冲被逼杀人也写得好。看他先拨开石头，拽开庙门，大喝一声，三人要走，他"举手克察的一枪，先戳倒差拨。"这时陆谦一边叫"饶命"，一边逃，但作者写林冲先不杀他，而是追赶那逃了十来步的富安，也是一枪搠倒。这时林冲集中力量对付主要仇人陆

谦。林冲喝道："好贼！你待那里去！"批胸只一提，丢翻在雪地上。把枪搠在地里，用脚踏住胸脯，身边取出那口刀来，便去陆谦脸上阁着，喝道："泼贼！我自来和你无甚么冤仇，你如何这等害我！正是杀人可恕，情理难容。"在陆谦告饶推脱后，林冲骂道："奸贼，我与你自幼相交，今日倒来害我，怎不干你事！且吃我一刀！"他把陆谦身上衣服扯开，"把尖刀向心窝里只一剜，七窍迸出血来，将心肝提在手里"。作者为什么对此写得那么细，而且在杀人前还要发表一个宣言，这是为了表达林冲杀人的革命性和正义性。第一，分清主次，先杀两个随从，再集中力量杀主犯；第二，不能不明不白杀人，先问罪、谴责，杀得光明磊落、理直气壮；第三，三

人杀法不同，详略有别。若换成李逵杀人绝不会啰嗦，不同的英雄杀人杀得不一样，同一个英雄杀不同的人杀得也不一样。

"豹子头"林冲杀人使用了不同的武器，那把解腕尖刀，在小说中几次出现，最后用在了杀主要仇人陆谦身上。还有武松打虎时手中的那根梢棒，作者也是从武松在酒店里开始，一路不断地点拨，金圣叹对此有批语；梢棒一、梢棒二、梢棒三等等一直批下去，写到"收拾梢棒"为止。而且作者写武松拿梢棒的姿态都不一样，既细腻又丰富。

"豹子头"林冲的性格和豹一样，虽然他最终是一个悲剧人物，但是却给人们留下了深刻的印象，永远记住了林冲——"豹子头"。

 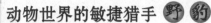
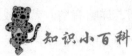

西门豹的故事

西门豹是公元前五世纪人，因为很有才能，被国王派往邺地作县令。西门豹一上任，就召见了当地一些名声好的老人，问他们老百姓对什么事情最感到痛苦。老人们告诉他，最苦的就是每年给河神娶媳妇了，为了这个缘故，整个邺地都闹得很穷。

原来，邺地挨着黄河，当地民间有个传说，黄河里住着河神。如果不给河神娶媳妇，黄河就会发大水，淹死全城的百姓，所以很久以来，官府和巫婆们都很热心地操办这件事，并借此征收额外的捐税，以便他们私分。

老人们告诉西门豹，每年到了一定时候，就有一个老巫婆出来巡查，见到穷苦人家的女孩子模样长得漂亮一些的就说："这个应该给河神做夫人"，然后由官府出面，强行把女孩子带走，要她单独居住，给她缝制崭新的衣服，给她吃好食品，十多天后，河神娶媳妇的日子到了，众人就把女孩子打扮起来，把一张席子当作床，叫她坐在上面，然后抬着席子放在河里。起初女孩还浮在水面上，渐渐地席子跟人就沉到水底去了。巫婆们便举行仪式，表示河神已经娶到了满意的媳妇。西门豹听后并没有说什么，老人们也没有对这位新来的县令抱多大的希望。

又到了给河神娶亲的日子了。西门豹得到消息后，带了士兵，早早就到河边等候。没多久，城里有权势的富人们、官府里的衙役及被选中的女孩都到了，随同的老巫婆看样子有七十多岁。

西门豹说："把河神的老婆带过来，看看她漂亮不漂亮。"有人把女孩带过来，站在西门豹面前。西门豹看了一眼，就回头对众人说："这个女孩不漂亮，够不上做河神的老婆。可是河神今天一定等着迎亲，就请大婆走一趟，到河里通知河神，等到另外找一个漂亮的女子，过一天再来。"说着，还没等众人明白是怎么回事，就命令士兵抬起大巫婆，抛进河里去了。 隔了一会儿，西门豹说："巫婆怎么走了这么长时间还没有回话，叫个徒弟去催催她。"于是又命令士兵把巫婆的一个徒弟扔进河里，这样前前后后，扔了三个徒弟到河里。

河边站着的富人们、官府里的人和围观的人都惊呆了，再看西门豹，却是毕躬毕敬，一幅虔诚的样子，象是专心等待河神的回话。又过了一会儿，西门豹说："看来河神太好客了，留住了这些使者不让回来，还是再去一个人去催催吧。"说完，他向那些操办这件事的地方富绅和官吏看去，这些人从惊吓中回到神来，全都跪在地上求饶，生怕西门豹把自己也扔下河去见河神。

西门豹提高声音对在场的所有人说："河神娶媳妇本是骗人的把戏，如果以后谁再操办这件事，就先把谁扔到河里去见河神。"从此，邺地河神娶媳妇的闹剧就绝迹了，西门豹运用自己的能力，把这里治理得也非常好。

豹与民俗

中国文化源远流长，吉祥文化也历史悠久，吉祥物品种类繁多，涵盖面非常广。既有神话人物、历史人物，又有动物、植物、日常用品、文化用品等。龙、凤、麒麟等虽为传说中的动物，但被古人视为最有"灵气"的几种吉祥物；虎、狮、豹虽是自然界中以凶猛著称的动物，但其塑像和图画常常出现在建筑装饰和住宅摆设中。这里主要谈谈豹为题材吉祥物的福兆寓意。

（1）豹与铜钱在一起谐音"抱金钱"

在民间，豹塑像和豹图案也是常用的吉祥物。在各类图案或装饰物中画"豹脚纹"是为了驱除邪气，在瓷枕上绘上豹头纹样称为"豹头枕"，据说如果头枕"豹头枕"睡觉将不会做噩梦。

因为"豹"与"报"谐音，人们常将豹和喜鹊画在

虎塑像、挂老虎图画会破坏和谐气氛，不利家人健康。所以一般不主张在办公室、商场、住宅中摆放老虎塑像或挂老虎图画。除了虎之外，豹子就成为了人们的首选。

豹的形貌似虎而比虎略小，其身上多有斑点和环纹。根据纹状的不同可将豹分为几种：毛赤黄、纹墨色如钱圈的称为金钱豹；纹如艾叶的，称为艾叶豹；颜色不赤而无纹的，叫做土豹；黑纹较多的称为玄豹；尾巴赤色而纹呈黑色的称为赤豹；纹如金线的称为金线豹。

一起，表示"向您报喜"，这种画人们常用来赠送给亲朋好友。"豹"又与"抱"谐音，所以豹与一堆铜钱在一起的塑像或图画称为"抱金钱"，寓意财源滚滚来，这种吉祥物至今仍常常出现在办公室或家庭装饰摆设中。

（2）普通家庭适宜放豹子像

现代人似乎对虎的凶猛霸气有所顾虑，甚至认为家中摆放老

因为豹不但凶猛善搏，而且善于隐藏，很有"谋略"，所以不仅代表勇猛，还是韬略的象征。古兵书《六韬》中有八篇称为"豹韬"，因此后来人们称用兵之术为"豹韬"。

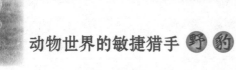

动物世界的敏捷猎手 野豹

由于豹纹绚丽多彩，所以人们很喜爱豹皮，很多饰物都有豹纹的图案。在赤黄色的布上绘有豹纹的装饰物称为"豹尾"，是权威和荣誉的象征。这种布条通常饰于仪仗上，称为豹尾枪、豹尾幡等。在古代，有豹尾悬于车上的叫做豹尾车，豹尾车是皇帝车队最后的一辆。

和虎的图案一样，豹图案在古代也是武职人员的品级标志。明清两代中，文武百官所穿官服前胸后背均缀有一块方形的"补子"，上绣禽兽图案作为品级的徽识标志。明代三、四品武官绣虎豹图案，清代三品武官绣豹图案。

野

豹

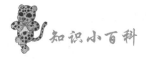

豹变

——社会学家马滕

女人之所以喜爱豹纹，来自于本身的一种极不安全感和极渴望受保护的心态。

古人是大自然忠实的记录者，他们总是试图在自然的序列中感知人类的合理位置。《易传·系辞》说包牺氏"俯则观法于地"时，还认真观察了"鸟兽之文"。由视觉发生而来的"文"，虽为人身所缺失，但华丽眩目的美学诱引，激发了人们与之靠近的慕渴之心。于是《易》的《革》卦爻辞有云"大人虎变""君子豹变"，《象》传释曰"大人虎变，其文炳也""君子豹变，其文蔚也"等等说法。老虎之文，鲜明耀目；花豹之文，蔚然成采。孔子的著名学生子贡，在回答棘成子"君

野

豹

子质而已矣，何以文为"之问时，便以虎豹毛皮有文作答：如果将其皮扒掉"文犹质也，质犹文也，虎豹之鞟犹犬羊之鞟"（见《论语·颜渊》），子贡反对那种重里不重表的君子之论，指出"文"是一种重要的物种标志。可见"文"在进入古人视野时，其色彩之美就得到了剧烈的彰显。

古语"豹变"，是说豹身的花纹变得美丽，引伸为君子由贫贱变显达。李白诗"英雄未豹变，自古多悲辛"，就是抒发怀才不遇的悲叹。不过，对两河流域居民来说，豹身花纹是不可以"变"的，因为《圣经·耶利米书》十三章就说：人能够改变自己的皮肤吗？豹子不会改变自己的斑点。豹自然无法改变自己的斑点，正如"阶级人"不能改变自己的出身一样。所以，人们用这成语来说江山易改、禀性难移。

法国诗人阿波里奈尔有一句诗：婊子美如金钱豹。对比关系就是比喻赖以存在的基础，这是堪称为"神示"的绝美之句。也许在被咏叹的密腊波桥旁边，诗人出没在散发着迷香的风月场所时，妓女们把女性之美彻底外翻出来，紧张、凸凹、艳丽，并且短兵相接。她们在沉默里无声无息抵达了男人幽暗、脆弱的内心，突然亮出了自己的利器，直捣命门。这让我联想到俄国作家普宁的《日记》英译者。在译序中引述鲍利斯·爱肯鲍姆的话：从诗作看，阿赫玛托娃"一半像修女，一半像婊子。"这是否暗示了诗歌女皇内外双修的气韵？

豹纹没有虎纹那样夸张，也没有蛇类那样含有阴鸷、诡秘的成分。豹匿身于花。这些花朵来自大地的植被和天空的云翳，更来自于暴跳于世界的火焰。豹子之花就像是造物主打下的记号，在彼此都迷失于对方时，从灌木中闪现而出的记号，就成为了他们穿越时光彼此确认的法宝。豹像一块沉静的硫磺，任火与焰的梅花遍布全身，豹在火焰里冷暖自如。它扭头观察背脊后面的异响，豹就把弓弦拉到了极限。豹子点燃了一万炷香，焚烧彻夜不熄。只需要一点点外力，哪怕就是从草间舞蹈而过的微风，就足以使豹惊怵。浑身立即被大朵大朵的玫瑰所覆盖。豹扛起一座旋转的空中花园扑向世界。它的眼睛，宛如一触即燃的硝石，成为了花园两道死门上的灯盏。

尽管布封认为马是世间最美丽的动物，但我却以为豹子更胜一筹，豹纹成了隐喻修辞的源头，使得一切对豹纹的再修饰成为浮词和累赘。也由此才派生出豹斑毒菌、豹斑蝴蝶等等词语。记得我在成都动物园看云豹，是一个秋日的下午，豹已经处于睡眠的边缘，只有最少的花还没有凋谢，就像炉膛里保留的火种，在安静的外表下，热过初恋。几只豹子小心地躺倒，与地面断裂的大木头混淆，偶尔翘立的尾巴如同突然的枝桠，将我的目光挂住。豹斑是各自成块的黑，似乎毫无规律，但如果仔细一些，又发现彼此勾连。斑点之间流淌而曲折的火，被一股奇怪的力道牵引着，既不规则，似乎又隐含花的精心布局。米诺斯迷宫的内部，是否护卫着那无际的梦田？

1952年英国数学家涂林发展出"反应—扩散方程式"，透过操弄成形素的扩散与速度以相关变量，就可以复制出常见的花豹的斑点，企图进一步利用生物物理的角度更进一步说明遗传基因的过程。涂林在提出该方程式后次年自杀，让这个方程式留下许多豹子一般的谜。

据报道，2006年台湾中兴大学的教授经过多年研究，发现花豹的花纹之所以能够世代相传，不只有基因遗传，即：年幼时候是圆点、在成长时变成圆圈、而在成年后称成为蔷薇形，豹纹还循着一套"反应—扩散方程式"在演进。对这些将美丽抽象为数学公式的学问，我辈自然是无力明白的，但豹变，却成为了另一种真实的存在。

看看奔驰的豹子，速度把花纹拉长为愤怒的篝火和铜矿。它顿然停身，火焰在惯性作用下漫溢到了头部之前，并倾倒出焰口的触须。最

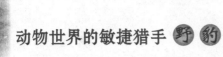
华丽的，还是豹子在捕捉猎物是的陡转，似乎是从中分离出两头豹子，一头在力弧上排成列岛。另外一头，则犹如影子的肉身化。豹变之花开满大地，而深深锲入脑后的两道黑色花纹，是否就是花梨木敲打着忧伤的头骨？

我想，那就是走出迷宫的线头吧。

《文心雕龙·原道》："虎豹以炳蔚凝姿。"这"凝姿"一词妙到毫巅。所以，即使在豹纹突然的断裂处，总有一种预感。在种植那隐秘的火苗。但在《拉封丹寓言·狐狸和豹子》里，豹子却是另外一番景象：狐狸和豹子在争论它俩谁美。豹子总是炫耀自己身上那五彩斑斓的花纹，狐狸却说："我要比你美得多，我的美不在我的外表，而在我灵活的大脑里。因为它充满智慧的思维。"这个故事要说的是：智慧的美远胜于形体外表的美。

面对这个智慧式的结论，汉语的豹子只需从名字里展示"勺物而取"的本性，这代表"勺取"的谨慎，估计拉封丹是难以回答豹子之问的。

针对豹变的现实镜像，清人沈起风在《谐铎·兽谱》里讲述了一个"负贩"出身的暴发户企图高攀豪门，但有心人给暴发户讲了一个故事——说一头牛为主人驮着很多钱，却突然跑开了，四处碰壁，最后在驴子的指引下，竟然去投奔豹子。豹子见牛背上有很多钱，就让牛把钱绑在全身，充当豹纹。"一破悭囊，便成俊物"，牛也"掉尾自雄"起来。但等到牛身上的钱掉得差不多了，豹子立即把牛驱除出列。故事辛辣讽刺了希望依靠豪门光耀家室之辈，因为这与牛企图混入辉煌的"兽谱"是一回事。

豹子的哲学

豹子胆大、勇猛异常，我们称某某吃了豹子胆，说明此人胆子大。豹子胆子大是无可置疑的。豹子敢向比它大得多的动物诸如牛、马、羚羊等动物发起进攻，且能屡屡得手，在豹子眼中，那些身高力大的动物是不堪一击的。豹子在自己的词典中没有怕字。面对自己的对手，它永远保持凌历的攻势。豹子并非百战百胜，有时豹子也会被野牛的尖角刺穿肚子，悲壮地死去。但战败的豹子仍然是英雄，它用自勇敢的精神捍卫了自己的尊严，用实际行动证明自己是勇士，而成败却显得次要了。

豹子的生存法则是超越，豹子只有在狂奔中速度超越了其它动物，才有机会捉到对方，获得食物，否则豹子只能饿死。据科学家考察，豹子的猎捕对象在生存竞争中不断提高奔跑速度，用来摆脱豹子的追杀。但魔高一尺，道高一丈，豹子也不断地提速，奔跑起来像一阵迅猛的旋风，令猎物防不胜防。豹子永远不满足自己创下的奔跑速度的记录，它一次次超越自己的记录，因为它知道一旦满足现状，那么就会有生存危机找上门来，为此，豹子总是不停地给自己加压，无止无休地进行着"体能训练"，无止无休地磨练自己，超越就是它的生存方式，一旦没有了超越，那就是它的末日。它每完成一次超越，就得到一次丰厚的奖励：战利品，它便可以有滋有味地品尝自己的劳动成果，收获超越的喜悦。对于豹子而言，没有比超越更重要的了。超越是生存手段，也是生存法宝，豹子是一种非凡的动物，是动物界的佼佼者。

豹子的强大还在于它善于节制。豹子吃东西时往往适可而止，从不搞得大腹便便，否则，饮食过度会使豹子变得笨拙，丧失自己的优势。节制对于豹子来讲非同小可，没有节制，就会失掉高速度，失掉高速度就会失去生存能力。因而，不知节制的豹子只有死路一条。从某种意义上讲，节制比勇敢更重要。假如豹子胆怯，那么豹子会丧失一些捕

猎机会，但不会丧失全部的机会。而不知节制，过于贪婪，那么必然使豹子变得臃肿，从而丧失高强的捕猎能力，只能坐以待毙。可敬的是，豹子从不犯贪心的毛病，因而它永远保持良好的竞技状态，所向无敌。

豹子不图虚名，常言道豹死留皮，以此比喻人死后留名于世。《新王代史•周书•五彦章传》中说："彦章武人不知书，常为俚语谓人曰：'豹死留皮，人死留名。'其于忠义、盖天性也。"其实就豹子而言，它对名是不屑一顾的，豹子清楚，不管自己得到什么名声，那都是虚名，对于它来讲，最重要的是捉到猎物。没有名声，豹子不伤毫毛，而没有猎物，那就意味着死亡。因此，豹子视名声为粪土，而对实际能力则十分珍重，那才是生存、发展之本。一个人如果能像豹子那样超越自己，一定会成为一个了不起的人。

人类是唯一嫉妒豹子的动物。在动物界豹子几乎没有天敌，它勇敢、凶悍、强壮、神气，是货真价实的强者。然而，这一切却招来了人类的嫉妒，嫉妒心十分强烈的人类容不下豹子这位勇士，肆无忌惮地侵占它的家园或残忍地将它们猎杀。如今，这位动物界中的勇士在人类面前成了弱者。它的种群濒于灭绝。这人是因为人们对豹子产生了无穷无尽的欲望。《本草纲目》中有这样的解释："豹肉味酸、性平、无毒，能安五脏，补绝伤，壮筋骨；脂和在发膏中，朝涂暮生；头骨作枕，睡后可以避邪，烧灰淋汁，去头风白屑。"这豹子对于人类的用途太大了，但是即使这样，人类还是要保护豹子，因为只有这样才能维持生态平衡。

中国传统豹文化艺术

◆ 国粹中的豹脸谱

京剧，又称"皮黄"，由"西皮"和"二黄"两种基本腔调组成它的音乐素材，也兼唱一些地方小曲调（如柳子腔、吹腔等）和昆曲曲牌。它是在1840年前后形成于北京的，盛行于20世纪30、40年代，时有"国剧"之称。现在它仍是具有全国影响的大剧种。它的行当全面、表演成熟、气势宏美，是近代中国戏曲的代表。京剧是中国的"国粹"，已有200年历史。

京剧耐人寻味，韵味醇厚。京剧舞台艺术在文学、表演、音乐、唱腔、锣鼓、化妆、脸谱等各个方面，通过无数艺人的长期舞台实践，构成了一套互相制约、相得益彰的格律化和规范化的程式。它作为创造舞台形象的艺术手段是十分丰富的，而用法又是十分严格的。其中，京剧的脸谱是十分讲究的，其中还有涉及到用豹子形象做脸谱。

京剧《西游记·金钱豹》中的金钱豹即用勾脸，勾脸是用毛笔蘸颜色勾画眉目面纹，填充脸膛色彩，成为五光十色的图案。有的贴金敷银，华丽耀炫，光彩夺目。

"勾脸"脸膛贴金，脑门上勾豹头形花纹，脸蛋上勾金钱图形，成为一种复杂的花脸，用以表示豹的凶猛。

"勾脸"一词有两种含义：一种是如上所述，代表脸谱的一种类型，另一种是指在脸上勾画脸谱的手法，在脸上画勾、抹、破各种类型的脸谱时都用笔来勾画，揉脸的眉目面纹也常用笔来勾，因此勾脸也就成为在脸谱上勾画脸谱的通称。

◆ "小豹子笙"舞

在中国的云南、法国和日本的一些城市，凡看过云南楚雄双柏县的"小豹子笙"表演的人们，不管是什么肤色，有什么样的文化背景，问到"小豹子"们的表现时，无不竖起大拇指称赞："够传统，有看头"。

何为"小豹子笙"？其实它是云南楚雄彝族自治州双柏县大麦地乡峨足村保存至今最原始、最传统的一种民间习俗。

传说，在很早很早年前的

野

豹

一天晚上，一只小豹子来到该村偷吃食物，村里人发现后都主动给它喂食，食足后的小豹子离村归山。后来该村村民的生活越来越好了，全村人就把小豹子当成"财神"供奉了起来。后人为了纪念这只小豹子，把每年农历六月二十四定为纪念日。每当纪念日来临，全村的彝族群众就从每家每户中选出十几名6至15岁的男童，用捡回的白色、红色、黑色、黄色石头磨成汁，在裸体男孩身上彩绘成日月星辰图案，全身再绘上豹子的花纹，头上包着棕片，插着两根雉鸡毛，化妆完毕不准再说话。每个舞者手执一根木棍躲藏进村旁树林中。这时，村中家家户户都会在堂屋中插上三杈松枝，陈列香案供奉糖果、米花等食品，并敞开门窗，然后所有房主都到村外躲藏起来。

待村头鼓锣声一响，躲在林中的"豹子"们瞬时蹦出，合着激昂的锣鼓声挥舞着木棍奔向寨子，先在土掌房顶上尽兴起舞，随着鼓锣节奏的变换，"小豹子"们踩脚、转身、挥棍、翻棍、摇棍；踏步、颠步、撮步飞脚、转脚、甩脚，交替舞蹈互相逗乐，以示威慑鬼魂。当舞者在土掌房顶上起舞尽兴之后，在急促的锣鼓声中，"小豹子"们又挥棍冲入居家，逐户巡视，谓之"驱鬼逐疫"，祈求全村家家户户四季吉祥、平安。之后，"小豹子"们又到庄稼地里模仿人类耕田种地，意在撵鬼驱邪除害，以期人畜兴旺、五谷丰登。

田中巡戏完毕，这些"小豹子"们迅疾冲出村东老城门，向着东边方向的山里奔去，消失在茫茫林海中，回归自然去了。

"小豹子笙"共有72套舞蹈动作，格外引人注目。多年来，当地居民通过对其民俗活动文化的搜集、整理、研究、介绍和文化交流，使这一历史悠久的民间文化在海内外产生了很大影响，近几年还相继到法国、日本等国演出多场。

中国传统功夫——豹拳

豹拳源于南少林寺，后隐传于民间。该拳模仿豹扑、钻山、寻食、腾跃、奔跑、抓食等动作衍变而来，具有鲜明的南拳特色，故称"南派豹拳"。

豹之威不及虎，而力则较虎为巨。因豹喜跳跃，腰肾不若虎之弱也。练时必须短马起落，全身鼓力，两拳紧握，五指如钩铜屈铁，故豹式多握拳，又名金豹拳。

其实，豹拳开始的时候猫拳，豹子和猫都属于猫科，因为，最早的拳其实是从猫身体上学来的，但是渐渐地发现猫不够气势，而豹在这方面弥补了猫的不足，因此，后来就改成了豹拳。

◆ 基本动作

（1）豹拳承蛇拳最后一动，右腿向前踏出一步，两腿并立，同时双手用柔劲慢慢收至两腰侧，使左右两拳拳心向下。而后抬起右腿，左腿独立，头略右转，目视前方。

（2）金豹形：右脚向正前方落下，成右弓步，上盘姿势不变。

（3）身体左转90度，双腿屈膝下蹲，下盘成马步；同时双拳变爪，左爪从腰间向左、向小腹处推出，右爪由腰间向胸前横击，形成右上左下之八卦手。

（4）身体右转90度，下盘成右弓步；同时双爪变拳，左拳收于腰间，拳心向内；右拳发力向前上方快速击出，拳心向左。此右拳称为豹拳。

（5）下盘保持右弓步不变，腰略右转，上身前倾，同时右拳向下收于腰间，拳心向内；

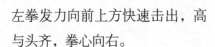
左拳发力向前上方快速击出，高与头齐，拳心向右。

（6）下盘保持右弓步不变，腰身略左转，同时左拳向下收于腰间，拳心向内；右拳发力向前上方快速击出，高与头齐，拳心向左。

◆ 练功方法

豹拳由练功方法、套路演练和技击欣赏三部分组成。练功方法主要通过抓沙袋、河沙、树桩等手段，来提高豹爪的抓击力；套路由24个动作组成，象豹取意，动作起伏、身法敏捷、形如狂风、腾跃自如、全身鼓力，两拳握如豹掌，五指如钩钢铁，运动起来刚猛有力而又快速多变，劲达双足。技击应用时，换掌如鹰，穿掌如鞭，回身如猿，掌似流星，变化穿梭，上下相随，抽身换影，直取快攻，抓打巧拿，虚实结合。拳谱云："南派豹拳，巧打快攻；能进则进，能闪则闪；乘隙猛攻，避实击虚；浑然一体，攻防兼备"。

◆ 实战原则

（1）金豹手

两脚立正，两拳握抱于腰际，拳心空含，正头颈，吞津气沉于丹田，目平视右侧前方，此名金豹定身。接着，提起右脚朝右侧前方跨落一步，左脚蹬力呈右弓步，两拳抱腰不变，目视右前方。然后，配合鼻均匀细长地吸气，同时上体左转正身，两脚蹲呈马步桩势；左右手变豹爪，运力画弧于腹前，右爪在上，左爪在下，爪心均朝前。气刚吸满则闭息，上体右转，左脚蹬力呈右弓的同时，左手豹爪收于左腰际，右手豹爪挽力朝右前上提起，肘与肩平，豹手高与额平。然后，用鼻徐徐将气呼出。

（2）金豹三通炮

接上一动作，收下右手于腰际时，左豹手快速向前打出。收左手又打出右手。继之收右手，打出左手。金豹拳均以快拳打出，手步一齐，此式则以左右手共击3次而得名，眼手不离，方称妙。出拳时必须全身聚力，两腋注力夹紧，呼吸自然。

（3）金豹卧山

接上一动作，配合鼻吸气的同时，左拳收回于腰际，右拳用慢力朝前上提击，至与额平止，气刚好吸满。随后闭息，右手用力内压至右大腿时，身体重心左移坐，左手用力朝左上抬移，右手上推移至胸前，此时刚好呈右仆步。然后用鼻将气徐徐呼出，意力全注于肱肘。

（4）金豹直拳

接上一动作，配合鼻均匀细长地吸气，同时，左脚蹬力朝右拥身呈右弓步，左拳下压收于左腰际，右拳用慢力朝前由下向上通提。继闭气将右拳慢力收至右颌前时，气已闭不住；此时，翻右拳疾如炮火一般，配合口发"哈"音朝前方击出，左手上护于右肩前。

（5）豹子寻球

接上一动作，配合鼻均匀细长地吸气，同时，左手五指伸开向左外画、挽臂扣指握拳收于左腰际；随后，右手屈肘下沉，肘尖至腹前腰际时，气刚好吸满，闭息后右手如握住一物朝怀内拉拢。然后，用鼻徐徐将气呼出的

同时，两拳下收沉，全身力注于两腿。

（6）金豹举天

接上一动作，配合鼻均匀细长地吸气，同时，全身聚力，两拳自腰际朝前上方缓缓提举，至肘平肩时，气刚好吸满。接着，闭气，双拳用力往下坠，全身聚力，怒目圆睁，至两手压至左右腰际而止。然后用鼻徐徐将气呼出。至此，右手金豹形已毕，换练左式。

（7）金豹手

接上一动作，上体左转正呈马步桩，配合鼻均匀细长地吸气，同时，两手向上胸抬移，至乳上时手心翻向内，两肱、臂、肘、拳俱用意力向左右撕折至气吸满时，再将气用鼻徐徐呼出。接着，配合鼻吸气之际，两拳变豹手向腹前下压移，手心均向前，右手停于腹前，左手停于胸前。气吸满后将气闭住，上体左转，右脚蹬力呈左弓步的同时，右手金豹爪收于右腰际，左手豹爪挽力朝左前上提起，肘与肩平，豹手高与额平。然后用鼻将气徐徐呼出。

（8）金豹三通炮

接上一动作，收下左手于腰际时，右豹手快速向前打出。收右手打出左手，继收左手打出右手。自然呼吸，其他要领与右式金豹形相同，只有动作方向相反。

（9）金豹卧山

接上一动作，配合鼻均匀细长地吸气的同时，右拳收回于腰际，左拳用慢力朝前上提击，至与额平止，气刚好吸满。之后闭息，左手用力内压至左大腿时，身体重心右移坐，右手用力朝上抬移，左手上推移至胸前，此时刚好呈左仆步。然后用鼻将气徐徐呼出，意力全注于肱肘。

（10）金豹直拳

接上一动作，配合鼻均匀细长地吸气，同时，左脚蹬力朝左拥身呈左弓步，右拳下压收于右腰际，左拳用慢力朝前由下向上通提。继闭气将左拳慢力收至左颌前时，气已闭不住，此时，

翻左拳疾如炮火一般，配合口发"哈"音朝前方击出，右手上护于左肩前。

（11）豹子弄球

接上一动作，配合鼻均匀细长地吸气的同时，右手五指伸开向右外画挽臂扣指握拳收于右腰际；随后，左手屈肘下沉，肘尖至腹前腰际时，气刚好吸满，闭息，左手如握住一物朝怀内拉拢。然后，用鼻徐徐将气呼出的同时，两拳下收沉，全身力注于两腿。

（12）金豹举天

接上一动作，配合鼻均匀细长地吸气的同时，全身聚力，两拳自腰际朝前上方缓缓提举，至肘平肩时，气刚好吸满。接着，闭气，双拳用力往下坠，全身聚力。怒目圆睁，至两手压至左右腰际而止。随后，左脚朝右脚内侧收拢，正身伸立的同时，用鼻徐徐将气呼出，平心静气，放松身体。

人类生活中的豹 6

豹子虽勇猛不如虎，但智在其上。因此，豹子在中国人民心目中，甚至在全世界人民的心目中的地位是不可忽视的。豹子往往是勇猛和智慧的象征，人们因此也经常用豹来对一些团队或者事物来命名。

　　比如在军事中，坦克的地位是不可忽视的，坦克的攻击力量和无所畏惧的特点，就有人用豹来给坦克命名，如豹式坦克。在军队中，很多人用豹子来给部队命名，如中国成都军区的猎豹特种部队、中国雪豹特种部队和享誉全世界的美国海豹特种部队等。给部队以"豹"命名，一是对队员勇猛和智慧的肯定，二是在精神上会给队员们鼓励和警示，起到了很好的激励作用。用"豹"来命名，起到一箭双雕的作用。还有享誉全中国的黑豹乐队，一说到"黑豹"人们眼前就能闪现出黑豹乐队的六个酷帅有型的队员。还有很多其他的事物用"豹子"命名。本章主要介绍一些与"豹"有关的事物。

豹式坦克

豹式坦克（又称五号坦克，一般称为"黑豹"坦克）是第二次世界大战期间纳粹德国陆军装备的一款坦克。豹式坦克于1943年中期至1945年的欧洲战场服役，取代三号坦克和四号坦克，并与一些重型坦克一同作战。豹式坦克无疑是为了对抗苏联T-34坦克而制造出来的，因为T-34坦克性能远超于当时德国所拥有的三号坦克和四号坦克。在1944年之前它被标识为五号坦克豹式，并被陆军部编号为Sd、Kfz、171。在1944年2月27日，希特勒下令它改称"豹式坦克"。其服役直至战争结束，也被认定为德国在第二次世界大战期间最出色的坦克。

◆ 发展历史

第二次世界大战初期德军所装备的坦克（如III、IV），其战术性能偏重于机动性，火力和防护不足，在苏德战场上与苏军T-34中型坦克交战时一直处于被

 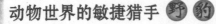

动挨打的局面。德国不得不迅速研制和生产能与T-34匹敌的新型坦克。

1941年，德国MAN、亨舍尔等公司接受军方发展30吨级坦克的委托后，以PzKpfwIV型坦克为基础，借鉴T-34坦克的外形制造出样车，型号为VK3001，其中MAN公司的样车在1941年底改装上长身管75毫米口径加农炮和改进了外形后被定名为VK3002型试验车，就是以后的PzKpfwV"Panther"坦克，德国军方认为它是一种比较成功的坦克，最后由MAN公司的设计在1942年5月被军方采用。德国军立刻把这款坦克优先投产，最终定型的坦克在同年12月才正式投产。

在1943年以后，豹式坦克的生产不再是MAN公司的一家生产，开始由戴姆勒-奔驰公司、MNH公司、HS公司分担生产。MAN公司初期预计一个月能够生产250辆豹式坦克，但在1943年1月，把目标提高至月产600辆。然而由于盟军的轰炸、生产上的问题及其它困难而使得MAN公司达不到这个目标。在1943年间，更下降到平均月产148两豹式坦克。豹式坦克从1943年1月到1945年4月生产了6042辆。豹式坦克外形好、火力较强、机动性也好，豹式坦克制造工艺精良，但无法满足大规模战争中消耗的及时补充。原计划豹式坦克取代三号坦克和四号坦克，但是，德国军方在后来发现安装上Kwk 40 L/48火炮的四号坦克比豹式坦克更易于生产的，因此便将两款坦克一起生产。

豹式坦克经过多次改进，主要有3种车型，分别是D、A、G型，3种车型区别在于装甲防护和辅助武器，它们都安装有一门KwK42型75毫米火炮。"豹"D型坦克首次参战是在1943年7月的库尔斯克战役。经过库尔斯克战役后，德军便汲取了教训，豹式坦克的机械问题得以解决，使得它成为德军中最具效率的装甲战车之一。豹式坦克在二次大战的欧洲战场中备受瞩目，直至战争结束，豹式坦克也一直占德军装甲战车的主力位置。库尔斯克战役之后，德军开始制造A型豹式坦克。1944年3月G型也制造出了第一辆。在3种型号中G型是生产数量最多的，从1944年3月到1945年4月德国一共生产了"豹"G型坦克3126辆。后期的豹式坦克有些还改进为钢的负重轮和防电磁雷装甲。德国在豹式坦克的底盘上还研制了"猎豹"坦克歼击车，被誉为第二次世界大战中最好的坦克歼击车。豹式坦克还有很多变型车，如指挥坦克、观察坦克和自行高射炮等。

豹式坦克除了装备了德军，还有少量输出到匈牙利，瑞典和日本以及意大利等德国盟国，不过对于整个战争的进程并没有起到很大的改观作用。豹式坦克和苏联的T-34中型坦克是第二次世界大战中最好的两种中型坦克。豹式坦克在德军中一直服役到战争结束。到1947年法军的一个坦克营还装备有50辆豹式坦克。

◆ 设计特色

豹式坦克借鉴了苏联坦克设计上的思路，其最主要是倾斜式装甲，增加来袭炮弹产生跳弹的可能，而且也增加了装甲水平方向的厚度，使得不易被射穿。此外较宽的履带以及较大的路轮也大幅改善了在松软地面上的机动性。

豹式坦克的重量由预计的35吨增加至43吨，安装了一台700匹马力的梅巴赫HL230P30 V-12汽油发动机，而这种发动机一般被认为可以承受连续行进2000千米的负荷。豹式坦克行进的速度46千米/小时。悬挂系统由前方的驱动齿轮、后方的诱导轮和八个涂上橡胶的钢轮所组成。它在每个减震臂中添上两支扭力杆，越野性能良好但造价昂贵且很费时。

豹式坦克采用倾斜装甲钢板，最初生产的豹式坦克只有60毫米的倾斜装甲，但不久就加厚至80毫米，而豹式D型以后的型号更把炮塔装甲加强至120毫米，坦克两侧更加上了5毫米厚的裙板。

豹式坦克的主炮为莱茵金属生产的75毫米半自动KwK42L70火炮，携带79发炮弹（G型为82发）。这款主炮使用了三种不同的弹药：APCBC-HE、HE和APCR三款。75毫米口径火炮在当时并不算是大口径的火炮，但是豹式的主炮却是二次大战中最具威力的坦克炮之一。其特点是炮管和较大初速，此火炮的贯穿能力比88毫米KwK36L56火炮高。而且，它也装上了两支MG34机枪，分别安装于炮塔上及车身斜面上，有助于扫除步兵

威胁及防空用途。乘员由五个人来担任：驾驶员、通讯员、炮手、装填手及车长。

◆ 型 号

豹式坦克A型，1942年11月生产，是试验型，又称作豹式坦克A1型。

豹式坦克D型，1943年1月至9月生产。

豹式坦克A型，1943年8月至1944年6月生产，有时称作豹式坦克A2型。

豹式坦克G型，1944年3月至1945年4月生产。

◆ 战场评价

豹式坦克参与的第一次大规模作战是1943年7月发动的库尔斯克战役。在初期，豹式坦克的驾驶员都被一些机械问题而困扰：坦克的履带和悬吊系统时常受损；而坦克的引擎更往往因为过热而发生火灾。在战事初期，很多豹式坦克都因为这些弱点而不能有效作战。192辆"豹"D

型中型坦克参加了7月5日会战第一天的战斗，由于很多没有完全解决的技术问题和遭遇雷区，截止第一个战斗日晚上，仅有40辆"豹"D坦克处于完好状态。在库尔斯克战役期间一共有250辆（属于第51，第52坦克大队）参战，到1943年8月战役结束的时候，还剩下43辆。但德军将领古德里安指出，豹式坦克的火力及防御能力十分优良，虽然很多豹式坦克因为其机械问题而受损，但它们却击毁了为数不少的苏军坦克。

豹式坦克主要用于东线战场，在1944年盟军登陆诺曼底后驻守法国境内的德军坦克接近一半是豹式坦克，在1944年6月开始的诺曼底战役中，参战的大多数"豹"都是A型的，在整个战役期间大约有400辆各型豹式坦克被盟军击毁。

当德国军方在1944年3月23日为德军坦克和苏军的新式T-34/85坦克作出评估及比较后，指出豹式坦克火力远比苏军T-34/85占优。在1943年至1944年间，豹式坦克可以在2000米的范围内轻易击破任何的敌军坦克，即使它只有90%的命中率。而根据美军的统计数据，平均一辆豹式坦克可以击毁5辆M4谢尔曼式坦克或大约9辆T-34/85。

"豹"特种部队

◆ 猎豹特种部队

在中国的西南地区，有一支素以"猎豹"著称的特种部队，它就是成都军区某特种大队。这支特种部队自诞生之日起就带着几分神秘，高新装备广泛应用，军事行动神秘莫测，特种训练惊险刺激：飞车捕俘、攀登绝壁、擒拿格斗、踏冰卧雪、涉水泅渡等等，特种作战更令人惊诧：侦察谍报、秘密渗透、袭击破坏、联合作战、解救人质等等，无所不通。

"猎豹"特种大队栖息在西南战区，有雪山高原、热带丛林、山岳丘陵、盆地平原、都市乡村等各种作战环境，特种兵几乎踏遍了这里的山山水水，其中难度最大的作战环境要数雪域高原。西库隆巴山脉西翼，海拔4300多米、山高坡陡、峡谷纵

深、白雪皑皑、高寒缺氧，有"生命禁区"之称。

初冬时节，"猎豹"特种大队奉命出击，进行代号"猎豹行动"的军事演习。

拂晓，三架无人机划破都市浓雾，直飞高原。指挥车内，气氛异常紧张，指挥员注视着电脑屏幕，航拍图片、传感器数据、上级通报……各种情况闪现在显示屏上隐蔽接敌，一举歼灭。上级指令下达给全队队员。特种大队指挥员根据先遣分队提供的确切情报进行沙盘推演，寻找最佳歼敌方案，此战面临"三难"：

隐蔽难——荒山秃岭、隐蔽难度大；接敌难——现有火力系统无法达到远距离、高精度；回撤难——特种队员在"敌"后完成任务后无法撤退，这些都是猎豹特种队员在生命禁区里面临的一次严峻考验，也是一次综合战斗力的实际检验。

战斗打响了，"猎豹"队员深入敌后，敌营四处开花，"措豹行动"在短短的一小时内摧毁"敌"5个重要目标，活捉"敌"指挥官一名。这场特种兵远程奔袭战斗，拉开了"猎豹"特种大队长达两个月雪域高原驻训的序幕。这支在热带丛林地无数次进行过野外生存训练的部队，在雪域高原遇到了新问题：冰天雪地，如何栖身？如何生存？"猎豹"特种大队队员依靠当地百姓，把大雪覆盖的山野当成广阔的实验场，山洞、树洞、地窝子成为"猎豹"队员的栖身之处；被当地百姓俗称为"雪猪"的一种动物，成为广大"猎豹"队员果腹的最佳食物，这种棕褐色、酷似野兔的动物，小的二三斤，大的则有十几斤，队员们抓住"雪猪"后，饮其血、食其肉，依靠它就可以生存于雪域高原。

两个月来，"猎豹"队员

战风雪、斗严寒，完成了高原寒区特种兵十几个课目的训练，填补了该特种大队高寒区训练的空白，从而使其成为一支能全方位遂行任务的全能型特种作战部队。

◆ 雪豹特种部队

被人们誉为"雪山之神"的"雪豹"命名特勤大队，寓意队员忠诚、敏捷、顽强，是对特战队员所应具备的高尚品质、作战能力、战斗精神和坚定信念的高度概括.

中国武警"雪豹突击队"组建于2002年12月，是一支立足

北京，面向全国的"国字号"反恐部队。几年来，部队按照"锻造国际一流反恐精兵"的目标和"精兵、精装、精训"的要求，强一流素质、练一流作风、建一流设施，全面叫响"首战用我，用我必胜"的口号，全力打造反恐尖刀和部队全面建设的样板，先后圆满完成处置突发事件和各种重大临时任务90余次，参加各类重大军事演习、演练和对外表演10余次，连续4年被评为"军事训练先进单位"和"基础建设先进单位"，为国家和武警部队赢得了荣誉。

"云龙风虎尽交回，太白入月敌可摧"。在反恐战场上，中国武警"雪豹突击队"队员个个英雄虎胆、身怀绝技，他们凭着过硬的本领和非凡的战绩而闻名中外，令恐怖分子闻风丧胆，为国家和武警部队赢得了无数荣誉。

（1）刘洋——警营"神枪手"

刘洋，"雪豹突击队"某班班长，二期士官。他擅长射击，号称军中"神枪手"，曾远赴伊

拉克担负使馆警卫任务，参加过"长城反恐""08卫士""燕山06号"等大型演习任务，2005年获全国攀登比赛第一名，2004年获总队射击比赛第一名。

特战队员刘洋，细高个、瓜子脸，一口浓重的四川口音。自小苦练弹弓打石子技术，练就了一身百发百中的硬功夫，人送绰号"神弹弓"。

他这个绰号还是有来历的。有一次，刘洋不知从哪里听说特战队有个狙击组，就悄悄地问排长："我想进狙击组，有戏吗?""想当狙击手，射击必须发发命中10环，你行吗?"刘洋二话没说，掏出随身所带的弹弓，连射三发，50米开外树上的麻雀应声落地，捡起一数，刚好三只，绰号也就由此而来。

刘洋当兵八年，早已如愿成为狙击手，绰号也由"神弹弓"变成了"神枪手"。一次，总部要开设一个新的射击课目，不仅可配发新式枪械还可以为本单位争光。于是，武警某部和"雪豹突击队"之间展开了激烈的争夺战，一来二去，谁也不让谁。最

后，由总部首长提议：两家各出1名狙击高手"比武招亲"，谁胜了新射击课目和新式武器就"下嫁"谁家。

他们按国际规则，采取三局两胜制，在距离射手55米远处迎面立一刀刃，谁射中刀刃算谁赢。3发子弹下来，刘洋发发命中。在场的领导非常高兴，战友们也羡慕不已。而他却淡淡一笑说，这没什么，练多了，谁都能做到。

（2）李哲——爆破"王中王"

李哲，"雪豹突击队"特战队某中队副中队长，中尉警官。他精通排爆、引爆等爆破技术，曾参加"中俄合作2007""长城反恐""08卫士""燕山06号"等大型演习任务，3次荣立个人三等功。

"如果引不响，你就不要回国了！"战友经常用这句话来说李哲。说起在莫斯科发生的这段故事，李哲脸上露出了笑容。

亮剑莫斯科，胜负只在一线间。那次，李哲担负的是现场演习的炸点显示任务：爆炸时间、

地点、时机都必须准确无误地掌握，方能保证引爆成功。

演习前，李哲将所有线路全部检测了一遍，均显示正常。然而，就在演习即将开始时，意外的事情发生了，由于俄军车速过快，引爆线被颠簸乱成一团！怎么办？如不及时处理，引爆失败，就意味着联合演习失败……后果将不堪设想。俄军士兵也毫无办法。紧急关头，李哲临危不乱，掏出携带的匕首，将引爆线割断，并迅速用牙咬开胶皮，重新对接。

作战命令下达，炸点随即引爆，一秒不差，演习顺利进行。事后，一位战友开玩笑说，如果引不响，你就不要回国了！

如果说引爆还有规律可循的话，那么排爆却充满了不可预知的因素。

一次，在和公安特警进行的重大对抗演习中，特警自制了红外线炸弹，具有高度的隐蔽性和不可预测性，构成很大的威胁。

接到任务后，离演习时间只有一天。请教专家、查阅资料、研究电子元件……半天时间，李

哲把关于红外线的资料全部研究一遍，获得了很多重要信息。他发现红外线虽然肉眼无法观察，但利用数码成像原理，可以清晰地探明。于是，他将摄像头手机绑在探测架上制成"手机探测仪"，从而一举破解了被公安特警寄予厚望的"杀手锏"。

"炸弹是难以驯服的野兽，但如果你能真正了解它的性能原理，它也会像温顺的小绵羊。"现在的李哲已经熟练掌握20多种不同类型炸弹的原理和排、引爆方法，成了名副其实的"爆破专家"。

（3）苏泗军——擒敌"铁砂掌"

苏泗军，"雪豹突击队"特战队队员，三期士官。他擅长擒拿格斗硬气功等擒敌技术，主练"铁砂掌"，参加过"长城反恐""08卫士""燕山06号"等大型演习任务。

见过苏泗军"身手"的人，都会不由自主地竖起大拇指连连称奇——他能够轻松地用手掌、手侧、手背将砖头开至八小块，能够徒手将树皮抓下来。一双看起来和常人并无差异的双手，在苏泗军那里，却具备了惊人的力量。

这双铁砂掌，不仅圆了苏泗

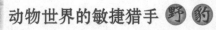
野

豹

军的功夫梦想，更成为"雪豹突击队"执行反恐任务中的擒敌利器。在与恐怖分子近身搏斗时，经常会遇到敌方手持枪支、爆炸物等凶器的情况，发起攻击时稍有不慎，后果就不堪设想。

苏泗军凭借着自己过硬的功夫根底，利用这双铁砂掌，总结出擒拿穴位、控制关节的战术方法，为精确制敌、最大程度减少伤亡提供了保障。而在特战队员深入敌后、隐蔽接敌的过程中，一旦与敌接触，苏泗军的铁砂掌更可以发挥一掌制敌的功力，无人察觉之间，敌人便已倒地，不会造成部队暴露的危险。

"一件事，要么不去做，要么就做到最好。"已经是班长的苏泗军，仍然记得自己的新训班长熊彬说过的这句话。

（4）丁坤山——勇猛"蝙蝠侠"

丁坤山，"雪豹突击队"特战队某班班长，二期士官。擅长直升机索降、楼房突击等攀登技术，参加过"中俄合作2007""长城反恐""燕山06号"等大型演习任务。2004年，获北京总队攀登比武单项第一，荣立三等功一次。

攀爬15米高的楼层，沿雨漏管只需7秒5，沿避雷针只需8秒5，沿阳台只需9秒……就是这组惊人的数据，让人们对眼前这位貌不惊人的士官肃然起敬。他就是"雪豹突击队"中最优秀的攀爬能手丁坤山。

丁坤山的攀登技术无人能敌，他在下滑方面也是一等一的高手。

飞身下滑，顺着一根活动的绳索从高楼顶层如高台跳水般纵身跃下。为了练精这一技术，丁坤山的左右小臂都曾经被摔得骨折。现在，他是整个雪豹突击队唯一掌握飞身下滑这一高难度技能的特战队员。

侧向移位，利用一个结点和一根绳索，丁坤山能够从大厦的一面移至与原先墙体垂直90度的墙体。这一动作，对结点的位置、身体发力的角度和发力的大小都有极高的要求，稍有误差，就会导致身体无法正面进窗。

破窗攻击，左手持枪右手紧握绳索用力蹬地向前荡出，达到

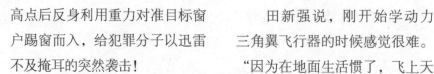

高点后反身利用重力对准目标窗户踢窗而入，给犯罪分子以迅雷不及掩耳的突然袭击！

直升机索降，从轰鸣的直升机上顺着绳索如"天兵"般飞速下滑，在短时间内完成兵力垂直转移。作为雪豹突击队攀爬下滑组的负责人，丁坤山还解决了下滑绳上单个挂环容易失误、扣环浪费时间和直升机上动作幅度大不安全的问题，达到了6名队员用时15秒下滑完毕的超快速度。

（5）田新强——空中"轻骑兵"

田新强，"雪豹突击队"特战队队员，三期士官。他专攻动力三角翼飞行器专业，是空中侦察打击的"轻骑兵"。参加过"长城反恐""08卫士""燕山06号"等大型演习任务。

田新强在部队第一次见到了三角翼飞行器。"看上去就像三轮车上绑了个风筝，怪怪的"，田新强这样形容他的观感。然而，让他没想到的是，从那以后，这个外形古怪的"三轮车"竟成了他在警营里最亲密的伙伴。

田新强说，刚开始学动力三角翼飞行器的时候感觉很难。"因为在地面生活惯了，飞上天后很不适应从那么高的地方往下看"，田新强笑着说。然而，凭着刻苦钻研的劲头，田新强还是很快掌握了飞行技术，成了动力三角翼飞行的高手。

田新强很热爱动力三角翼飞行器这个专业，只要说起动力三角翼飞行，"话不多"的他却能说个滔滔不绝。

"首先它很安全，是一种安全性非常高的飞行器。"田新强说，动力三角翼飞行器还能担负空中侦察、打击等多种任务，应用范围十分广阔，特别是在飞行中依靠人工采集信息的效率和精确度，远非无人侦察机可比。

然而，田新强也不得不面对这样一种窘境。随着部队装备现代化和科技水平的不断提高，越来越多由动力三角翼飞行器承担的作战任务被无人侦察机承担，他和他的"三轮车"上天的机会比以前少了很多。但田新强还是一如既往地钻研着他深爱着的动力三角翼飞行专业，并且带出了两批"得意门生"。

"只要部队需要，我随时准备飞!"田新强这样说。

（6）李轲——蓝军小头目

李轲，"雪豹突击队"特战队队员，一期士官。他在红蓝对抗训练中担任蓝军"头目"，是精通多项特战专业的多面手。参加过"长城反恐""08卫士""燕山06号"等大型演习任务。

这位来自古城开封的河南小伙儿，在雪豹突击队可算得上是个"另类"：光头圆脸，一身灰色迷彩服，头戴只露"三点"的黑色面罩，怎么看都是个如假包换的"反派"。

然而，在李轲眼里，黑色面罩却有着两种不同的特殊含义：既是特战队员区别于普通士兵的重要标志，更是鼓动他这个蓝军头目"兴风作浪"的亢奋点。李轲说，每当他把面罩套在头上，不论自己的身份是特战队员还是"恐怖分子"，都感觉自己像只潜伏的雪豹，随时准备出击。

李轲当蓝军头目已有4年，他把与红军频频交手的经历概括为两句话：当初屡战屡败，如今旗鼓相当。

四年间，李轲一直对两次红蓝对抗的战例难以忘怀。

其中一次是李轲当上蓝军头目后不久，在"劫持人质事件"中漏洞百出，被红军侦察员轻易摸清底细而全军覆没。另一次，蓝军劫持"人质"后对红军意图事事预料在先。直到红军发起攻击时，才发现"恐怖分子"们早已混入"人质"中逃之夭夭。

对于蓝军头目这个头衔，李轲颇为自豪。"当好蓝军头目，不仅要形似，更要神似。只有把蓝军当好了，才能使红蓝双方在实战中把'想当然'的错误想法都丢掉，才能成为一流的特战队员。"

夜幕降临，李轲又准时守在电视机旁看起了国际新闻，反恐新闻成了他关注的重点。"这样可以吸收点养分。"李轲笑着说，"下回对抗保准给红军一个'惊喜'!"

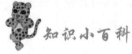知识小百科

美国海豹特种部队

美国海军海豹部队是直属美国海军的一支特种部队，也是世界知名的特种三栖部队。

美国海豹特种部队是英文中的海（Sea）、空（Air）、陆（Land）的缩写，全称为美国海军三栖部队。队员不仅要能执行水下侦察任务和陆上特种作战任务，还能以空降形式迅速前往战区、渗透敌后，往往在敌人察觉之前就已经完成了任务。海豹特种部队在各国特种部队中战争成功机率是最高的，在越战、格林纳达、海地、巴拿马、沙漠风暴中都有其身影。美国海军的海豹特种部队由海军特种作战司令部指挥，他们分成8个分队，总兵力约2000人，每支分队各有其固定的作战区域。目前"海豹"特种部队的任务包括侦察、协防、非常规战争、直接行动和反恐怖5项。

海豹特种部队的起源可追溯至二战时期的侦察与突击部队和海军战斗爆破队。第一批侦察与突击部队的训练课程于1942年5月的佛罗里达州展开，最初的目的是能够建立一支利用小型船只渗透敌区以汇集情报的特种部队。参与训练的单位来自陆军和海军，他们花3个月的时间进行侦察与爆破的严格训练。二次大战期间该部队在欧洲与太平洋战区完成多次渗透与潜入的任务。侦察与突击部队于战争结束时解散，但是其作战技巧成为今日海豹特种部队战斗准则的基础。

海军战斗爆破队成立于1943年6月6日，它可以说是美国海军蛙人的始祖。当初成立目的是能够建立一支两栖登陆的先遣部队，对敌岸滩头进行扫雷与破坏防御工事，以便后续的主力部队能够顺利登陆。初期人才的甄选与训练方式均由Kauffman将军负责策划，兵源多来自海军的工程与建筑部门，训练内容包括炸弹的拆解，爆破，两栖侦察与著名的"地狱周"耐力训练。今日海豹队的训练课程就是由当时所制定，因此海军尊称当年负责策划的Kauffman将军为"水中爆破队之父"。

"海豹"部队是王牌军中的王牌军，是各国特种部队中战争成功

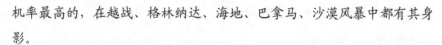
机率最高的，在越战、格林纳达、海地、巴拿马、沙漠风暴中都有其身影。

1942年塔拉瓦岛战役的惨痛教训使美军在次年成立了"海军爆破部队"，成员都是志愿者，来自海军工程队、陆战队侦察组或突击队，都是体能优秀的游泳好手。这就是"海豹"部队的前身。

在海军爆破部队的训练中，注重培养超人的耐力和真实的作战观念。

早在d-day（1946年6月6日，诺曼底登陆作战日）前，海军爆破部队已活跃在诺曼底半岛的海滩。诺曼底登陆日，海军突击队员配备战斗刺刀，背着炸药，为登陆作战杀出一条血路，而爆破队员在枪林弹雨下工作。

参加过诺曼底战役的老兵把在法国学到的教训应用到太平洋战场上。水中爆破队神出鬼没的战术，使之成为有效的攻击武器。其基本战术是由装备简单的游泳者在障碍物中与敌军周旋，包括丛林战和滩头战。

1946年，水中爆破部队经历了大量裁军，由原来的34队缩编为5队。在朝鲜战争期间，水中爆破部队复出行动，作战方式演变成现今"海豹"部队的作战手段。部队的应变能力在这场战斗中得到了充分的表现，并使之有了新的发展，其中最受瞩目的就是成立海军突击队。水中爆破部队配备有精密的潜水设备、各类炸药以及可靠度高的塑胶炸药。这是一支战斗力强大、机动性高，可同时深入内陆作战的突击队。

1962年1月，海军当局成立了特种作战

部队，成员多来自水中爆破队，驻扎在西海岸的为"海豹"一队，驻扎在东海岸的为"海豹"二队，作战目标是针对非传统战争、反游击战和在世界各地的海上及岸边的秘密军事行动，具有摧毁敌人船只及港口设施的能力。其任务是渗透、绑架、监视、侦察及情报搜集。

经过一个月的训练后，第一支海豹部队参加了越战，历史证明了他们也可以扮演步兵的角色，进行激烈的城市巷战。

"海豹"部队的训练基地在圣迭戈市郊科罗拉多岛，即海军两栖训练基地的"水下爆破基础学校"。其训练非常艰苦，但可以激发个人潜能。

志愿加入"海豹"部队的成员，都要经过严格的选拔过程，应试者都必须熟习泳技，心理承受能力高。水下爆破基础学校的训练课程分三个阶段进行，包括入门课程。第一阶段的训练主要是激发学员的心理和身体能力，增加团体意识；第二阶段是训练游泳；第三阶段是登陆作战训练。水下爆破基础学校的淘汰比例非常高，约20％的人因学科方面不合格而被淘汰。

在水中爆破队成立之初，队员的工作是背负着大量的炸药进行长距离游泳，而现在他们必须使用最新的武器与复杂的机械装备，熟记更多的资料。在水下爆破基础学校的训练结束后，"海豹"队员进入陆军伞兵学校或海军航空技术训练中心，而后再加入某一"海豹"部队或"海豹"运输部队，接受进一步训练。新兵在加入作战行动队伍之前，必须完成所有"海豹"战术训练课程。

这支特种部队在不断地改变，任务地点也扩大到世界各地。1983年，水下爆破队解散，由"海豹"部队接收他们的任务。1985年"海豹"八队在西海岸成立。

"猎豹" 系列汽车

猎豹汽车是湖南长丰汽车制造制造股份有限公司开发的系列汽车产品。长丰（集团）有限责任公司是一家有着50多年历史的国有大型企业，是国家定点的汽车生产厂家。公司始建于1950年，前身为中国人民解放军第七三一九工厂。1996年10月改制成立了长丰（集团）有限责任公司。2001年9月移交湖南省管理。

公司现有9个子公司和4个分公司。公司从1995年引进日本三菱pajero轻型越野汽车制造技术，开发出猎豹汽车系列产品，并形成年产3万辆轻型越野汽车的生产能力。

到2005年，长丰集团将建成以工业为主，集工业、科研、贸易、金融投资为一体的特大型企业集团，猎豹汽车生产规模将达

到8至10万辆，实现工业总产值200亿元，销售收入200亿元，使企业跨入中国汽车10强行列。

湖南长丰汽车制造制造股份有限公司是经总后勤部和湖南省人民政府批准，1996年10月由长丰（集团）有限责任公司与日本三菱汽车公司等9家企业法人共同发起设立的股份有限公司。

公司是全国最大的轻型越野汽车生产厂家，2000年通过iso9002国际质量体系认证。2002年4月，我国最大的高档越野车生产基地在该公司长沙长丰基地建成投产；7月，"猎豹"系列汽车又通过了国家低污染排放小汽车生产一致性现场审查；11月，公司顺利通过了ISO14000国际环境管理体系认证。2000年、2001年、2002年公司各项经济技术指标连续三年跃居全国轻型越野汽车生产企业榜首。

公司拥有健全的销售和售后服务网络，已建立31家销售分公司，153家地市级二级销售店，218家特约经销专卖店。当前，猎豹汽车占据全国越野车43%以上的市场份额。

◆ 猎豹产品系列

猎豹的主导产品有"猎豹"牌cjy6470e、cfa6470f/h、cfa6470g、cfa2030a/b(v6-3000)、cfa2030c/d（黑金刚）以及cfa6400a/b/c/d（猎豹·飞腾）等轻型越野系列汽车。"猎豹"系列越野汽车是长丰集团在引进日本三菱帕杰罗越野车技术，结合我国实情的基础上进行消化、吸收改造而成的。其技术先进、性能优越、具备高安全性、高可靠性、高舒适性和高通过性。当前，猎豹汽车占据全国越野车43%以上的市场份额。

◆ 猎豹汽车产品特性

猎豹汽车车型采用三菱的超级四轮驱动系统，使它全身充满活力。具有较强的动力性能和较好的平稳性能。并且，具有低燃耗等优点。

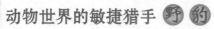

动物世界的敏捷猎手 野 豹

野

豹

黑豹乐队

野
豹

黑豹乐队1987年组成，1991年初参加《深圳之春现代音乐》演唱会1991年首先在香港、台湾发表了初次问世的专辑《黑豹》《Don'l Break My Heart》《无地自容》等曲目，成为华人青年热唱的名曲。黑豹乐队成为华人在世界上专辑销量最多的摇滚乐队。

二十几年以来，黑豹已构成当代中国一副亮丽的风景，他们以永不沉默的歌唱疾驰于现代的高速公路上，将自己美好的愿望、富有个性的旋律、歌声和节奏，呈现于他们的同行者，这种认识使得黑豹成为当代的音乐代言人，质朴、有力犹如闪电的温情，强烈的洞穿黑夜之中麻木的心灵，狂飙而又充满激情。

◆ 乐队简史

1987年，组成乐队。

1991年，初参加《深圳之春现代音乐》演唱会。

1991年，参加在香港举行的嘉士伯音乐节演唱会。1992年12月 在中国大陆正式发行了首张专辑《黑豹》，创下了150万盒的发行记录。

1993年，黑豹乐队以"穿刺行动"为题的全国三十个大小城市的巡演，受到了数以百万计听众的倾慕。在中国大陆燃起"摇滚之火"。8月 第二张专辑《黑豹II——光芒之神》在中国大陆发行。

1994年，签约于日本JVC唱片公司Rolling Sound摇音场。6月 Rolling Sound摇音场重新对第二张专辑进行了混音及封面设计。

并在日本、香港、台湾、大陆等亚洲地区，推出了世界版《黑豹II——光芒之神》引起世界上的重大反响。

1995年，在全国举行了30场以上的演唱会，同年夏季，成功地实现了西藏有史以来的第一次摇滚乐演唱会。1996年2月，第三张专辑《无是无非》在亚洲同步发行。不满一个月就创下了45万的发行记录。3月，作为中国乐队第一次上日本的舞台，在东京举行了专场演唱会，引起日本音乐界的极大关注。3月，在香港棉花俱乐部举行专场演唱会。5月，在香港红勘体育馆与大陆、香港、台湾著名艺术家协手共同参加"我爱普通人"演唱会。8月，代表中国参加以日、中、韩、台著名艺术家为中心的，在日本大阪举行的《相约在七百年前》为题的中央电视台、日本富士电视台、大韩民国文化放送电视台联合主办的国际文化交流演唱会。

◆ 黑豹乐队成员

（1）窦唯（主唱）

窦唯是北京人，1988年加入黑豹乐队，担任主唱并创作词曲。他演唱的《无地自容》《DO NOT BREAK MY HEART》成为乐队最经典的曲目。创造了黑豹乐队最为鼎盛的时期，使黑豹乐队成为华人在世界上专辑销量最多的摇滚乐队。1991年离开黑豹，自窦唯离开后，黑豹乐队就再也没有达到过如此的辉煌。

（2）李彤（吉它）

李彤1964年11月28日生于北京，是乐队中心人物，多数作品出自李彤之手，中学时代开始学习吉它。他带有感情色彩的弹奏方式及独特的味道、个性使得他是一个闻名中外的吉它手。

（3）秦勇（主唱）

秦勇1968年7月13日生于北京，中国摇滚史上传奇人物之一，曾任《五月天》乐队、《一九八九》乐队的主唱，1994年加入黑豹。他坦率的表现，强有力的歌唱力，为摇滚乐迷所倾

倒。

（4）王文杰（贝司）

王文杰1965年5月11日生于北京，他和李彤一样是黑豹乐队最早的成员，中学时代开始接触摇滚音乐，多年来对摇滚艺术的追求使他形成了自己独特的贝司乐感，巧妙的结合FUNK的要素，奠基了黑豹音乐的节奏。

（5）赵明义（鼓手）

赵明义1967年10月7日出生于黑龙江牡丹江市，毕业于解放军艺术学院，有着高超的乐感，认识黑豹以后迷上摇滚乐，用他在军乐团所积累的超人节奏感及打奏技巧，铺垫了现在的黑豹音乐的节葳。他把握的每一首作品都有独到之处。

（6）冯小波（键盘）

冯小波1968年8月6日生于四川成都市中学毕业后，在四川音乐学院学习作曲，后来组建了指南针乐队的前身黑马乐队。他音乐学院退学后，接触到JAZZ、FUSTION，来京后开始接触摇滚乐。1993年加入黑豹乐队，用他那音乐性强的键盘音色，使现在黑豹音乐的键盘音色大放异彩。

◆ **大事年表**

（1）黑豹乐队首张专辑《黑豹》1991年在香港、台湾发表。I st Album 专辑中的收录的歌曲有：《无地自容》《TAKE CARE》《体会》《别来纠缠我》《靠近我》《DON'T BREAK MYHEART》《脸谱》《怕你为自己流泪》《眼光里》《别去糟蹋》。

（2）1993年8月第二张专辑

《黑豹2—光芒之神》在大陆发行。1994年6月Rolling Sound（摇音场）重新对此专辑进行混音及封面设计并在国内及亚洲地区发行，引起世界上的反响。2nd Album 专辑收录的歌曲有：《光芒之神》《同在一片天空下》《我问》《你就是你》《美丽的天空没有悲伤》《海市蜃楼》《渴望的地方》《我不想说》《绿色劫难》。

（3）为纪念已故著名的台湾歌星邓丽君，日本JVC唱片公司1996年推出了一张翻唱歌曲集《告别的摇滚》，黑豹乐队翻唱了其中的两首《爱的箴言》和《爱人》，此张专辑的推出在流行音乐界引起了不小的争议。

（4）自1993年底黑豹推出了他们的第二张专辑以后，经过两年的调整与融合，1996年2月第三张专辑《无是无非》终于推出了。新主唱秦勇及键盘手冯小波的加盟使乐队的实力又有提高。乐队的创作技巧及整体配合越加成熟。黑豹乐队作为亚洲新音乐的先锋在国际舞台上已崭露头角并愈发受到关注。他们想为爱好中国音乐的朋友们认真地做一些事情，通过精良的，现代化的制作，使大家恢复对同胞的乐队，音乐人的信心，最终使中国人能拥有自己的世界级音乐家而自豪，勇猛的黑豹愿为此奋斗，再创辉煌！

（5）2005年参与BEYOND乐队的"BEYOND THE SORRY 2005"巡回演唱会，作为演出嘉宾。

◆ 影 响

黑豹乐队是中国摇滚音乐的先驱，是中国最出色、最有名的摇滚乐队之一。黑豹乐队气势强劲，能够经得住乐坛潮流的转变，其势力极为雄厚。它引领了中国摇滚音乐的潮流，使得中国摇滚音乐迅速发展起来。